Análisis de datos con el programa est[illegible]
Una introducción aplicada

Christian Salas-Eljatib

EDICIONES
UNIVERSIDAD
MAYOR

Análisis de datos con el programa estadístico R:
Una introducción aplicada

San Pío X 2422, Pisos 1 al 6, Providencia, Santiago de Chile
Teléfono: 6003281000
www.umayor.cl

ISBN: 978-956-6086-109
ISBN digital: 978-956-6086-116
RPI: 2021-A-4608

Dirección editorial: Andrea Viu S.
Edición: Pamela Tala R.
Diseño y diagramación: Pablo García C.

Sitio web del libro: `www.eljatib.com/rlibro`
E-mail: `christian.salas@aya.yale.edu`

Compilado el 6 de Agosto de 2021, Santiago, Chile.

A mis hijos Josefa, Eduardo y Myriam,
y a mi amada Javiera.

Prólogo

Este libro ha sido escrito para servir como apoyo para cursos de pregrado y postgrado en donde el realizar exploración de datos y análisis estadísticos de estos son frecuentes, así como también para profesionales e investigadores que desarrollan estas tareas. El foco de esta obra es introducir el uso del software estadístico gratuito R como herramienta para manejar datos, realizar análisis exploratorio de estos y ajustar modelos estadísticos lineales. Debido al amplio uso de la estadística en diversas disciplinas como la ingeniería, ecología, agronomía, medicina, economía, ciencias ambientales y psicología, se espera que el libro pueda proveer una herramienta útil desde la cual diversos usuarios puedan organizar y desarrollar la aplicación de análisis estadísticos. Después de varios años de docencia en estadística y modelos cuantitativos, el autor se ha dado cuenta que cualquier ecuación se entiende mejor con datos y ejemplos, y es por eso que el manejo de un software potente en lo estadístico, pero también en programación, como R resulta crucial.

El libro está organizado en tres partes, partiendo desde aspectos básicos del software R hasta paulatinamente moverse al ajuste de diversos modelos estadísticos. La primera parte se enfoca en introducir el uso de R desde aspectos relacionados a su origen e instalación para su correcto funcionamiento (Cap. 1), sintaxis (Cap. 2) y describir los diferentes tipos de objetos (Cap. 3). La segunda parte cubre la exploración y análisis descriptivo de datos, abordando desde la lectura de archivos (Cap. 4), exploración de datos (Cap. 5) y confección de gráficos (Cap. 6). Finalmente, la tercera parte se aboca a aplicar los conocimientos previos en el ajuste de modelos estadísticos, desde modelos de regresión lineal simple y múltiple (Cap. 7), hasta los modelos y pruebas comúnmente utilizadas en el análisis de diseño de experimentos (Cap. 8).

Cada capítulo entrega información que va incrementalmente avanzando en información y alternativas de análisis de datos. Aunque un conocimiento básico de estadística es ideal y contribuye en la comprensión del material presentado, la estructura del libro es tal que es apropiado para ser usado en cursos a nivel de pregrado, y en asignaturas introductorias relacionadas a la estadística al nivel de magíster y doctorado. Afortunadamente, existen libros casi completos que tratan en mayor detalle los tópicos informáticos y estadísticos discutidos en cada capítulo, por lo tanto un lector interesado en profundizar puede luego referirse a ellos. Los archivos de datos ocupados se encuentran disponibles en el sitio web del libro `www.eljatib.com/rlibro`, así como también en el paquete `datana` de R. Además, actualizaciones y la fe de erratas aparecerán en dicho sitio web.

El libro provee, cuando se estima necesario, determinados conceptos teóricos que fundamentan algunos cálculos estadísticos y modelos, sin embargo, este se centra en la aplicación de R en el análisis de datos y ajuste de modelos estadísticos de regresión lineal. Por lo tanto, esta obra no es un tratado teórico sobre aspectos estadísticos. En este mismo sentido, si bien el texto se centra en la aplicación de conceptos computacionales para el análisis de datos, no pretende ser una colección exhaustiva de algoritmos computacionales ni en detalles informáticos que van más de alla de lo necesario para un usuario aplicado.

Finalmente, el autor quisiera agradecer el rol crítico de colegas y especialmente de estudiantes que han jugado en su apreciación por un manejo computacional eficiente para el análisis de datos y el ajuste de modelos estadísticos. El presente libro es el fruto de más de quince años dictando asignaturas sobre estadística aplicada y modelación en donde el autor ha ejemplificado algunos de sus contenidos mediante R, tanto como ayudante académico en Yale University (EEUU) y como profesor en la Universidad de La Frontera, Universidad de Chile y Universidad Mayor, experiencia que le ha permitido evaluar y ordenar los contenidos, así como la forma en que estos han sidos expuestos acá. Varios profesionales contribuyeron con ideas y sugerencias para la estructura del presente texto. Especialmente se agradece al profesor Timothy Gregoire, por su constante mentoría en la rigurosidad estadística y notación científica, y al profesor Andrew Robinson, por su entusiasmo permanente para con el uso de R. Así también el autor agradece a la gran comunidad de usuarios alrededor del mundo que contribuyen a la mejora permanente de R. Alguno de los datos empleados para el desarrollo de ejemplos han sido proveídos por colegas que han gentilmente cedido dicha información, dentro de los cuales se destaca a: Rodrigo Vargas, Daniel Soto, Jan Bannister, Anibal Pauchard y Andrés Fuentes. Asistentes de investigación en la Universidad de La Frontera y la Universidad Mayor, como Joaquín Riquelme, Nicolas Pino, Cristián Segovia, Camilo Matus, Tomas Cayul, Valeska Yaitul, Grace Floody y Camilo Flores, contribuyeron con llevar a cabo tareas asociadas con la preparación de esta obra. A todos los que han colaborado en diferentes formas, el autor les da las gracias, aunque obviamente cualquier error remanente en este trabajo es de él.

El autor puede ser contactado por email a `christian.salas@aya.yale.edu` y él apreciaría ser informado de cualquier error, puntos no claros, y omisiones en el libro. Sugerencias para mejorar y tópicos futuros son también bienvenidos. Tal como se indica en el sitio web del libro, profesores que utilicen la obra en sus cursos pueden contactar al autor para obtener resultados completos a los ejercicios de la presente obra.

Santiago, Chile — Christian Salas-Eljatib

Notación empleada en el libro

Esta obra considera una mezcla de notaciones computacionales y sigue una estructura lógica para introducir a usuarios a R, y que les permita poder desarrollar a estos los ejemplos expuestos. A continuación se indican ciertos aspectos respecto a la organización del documento.

- En un recuadro, o *box*, se han destacado los conceptos claves a rescatar de algunas secciones del documento.
- Con tipografía courier (`algo como esto`), aparecen las variables presentes en los datos analizados, así como también los comandos de R.
- Note que el símbolo ">", que aparece en la consola de R, representa a R esperando el ingreso de comandos por parte del usuario. Es aquí donde el usuario debe ingresar comandos, y luego apretar la tecla *enter* para llevarlo a cabo. Un comando es una secuencia de caracteres que el programa reconoce para ejecutar algoritmos o tareas específicas.
- Si se requiere replicar en un computador alguno de los comandos explicados, se debe escribir dichos comandos tal y como aparece en el texto. R no es sensible al espaciado entre caracteres, pero sí es sensible a las letras mayúsculas.
- Aunque los amantes del idioma castellano no estarán de acuerdo con el autor, a veces dentro del texto se ha preferido el uso de algunos términos en inglés y no los castellanos, simplemente porque dichos términos son más cortos, y son más fáciles para encontrar ayuda en internet.
- En la obra, cuando se representen comentarios de sintaxis (escritos en tipografía courier y precedidos por el símbolo #) y en algunas etiquetas de gráficos se ha omitido el uso de tildes, para así evitar problemas que a veces ocurren por la configuración del teclado en los computadores.

Índice general

II Explorando datos

III Ajuste de modelos

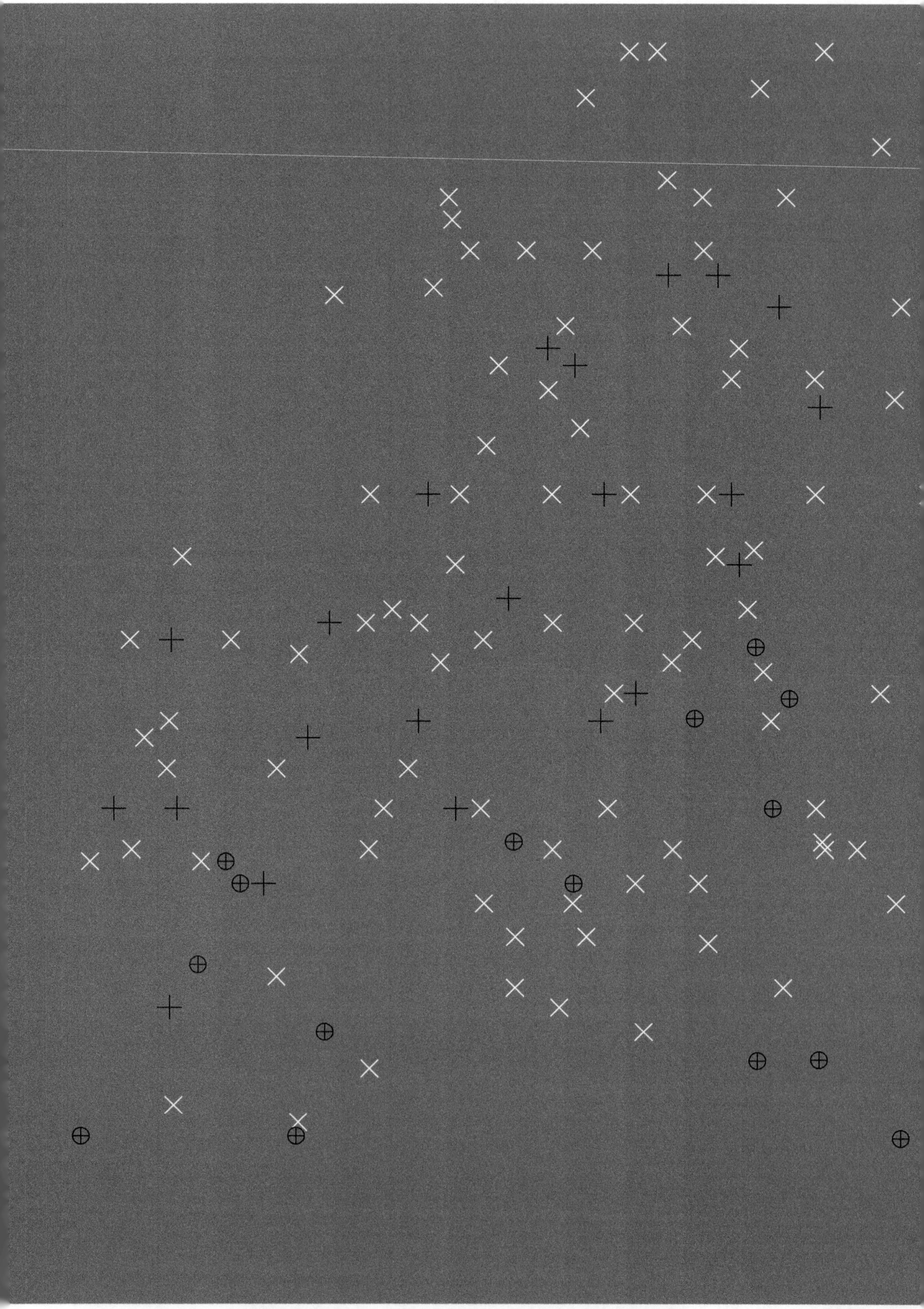

I Introducción al mundo de R

1. R: ¿Qué?, ¿Cómo? y ¿Dónde?

1.1 ¿Qué es R?

R (Ihaka & Gentleman 1996, R Core Team 2020) es un programa estadístico y un lenguaje de programación de carácter libre, de distribución gratuita y de código abierto (i.e., el código fuente del programa está disponible para los usuarios), desarrollado como un gran proyecto colaborativo de personas de diversos países y disciplinas. R es un programa basado en comandos, en el que se puede acceder a todos los procedimientos y opciones a través de sintaxis computacional. Fue oficialmente presentado en 1997 y es un software libre que se rige por la licencia general pública GPL (*General Public License*) de la fundación de software libre (*Free Software Foundation*, o GNU `http://www.gnu.org`). R es similar al programa estadístico S-plus (el cual no es gratuito y es distribuido por Insightful Corporation), ya que la implementación base y semántica de ambos son derivados de un lenguaje estadístico llamado S y de un lenguaje llamado Scheme (Ihaka & Gentleman 1996). Las diferencias entre R y S-plus radican en el léxico empleado, en el código para modelar y en otros aspectos técnicos computacionales que escapan al alcance de la presente obra, pero que pueden ser revisados en Hornik (2008). De todas maneras, la mayoría de los comandos de R funcionan en S-plus y viceversa.

El lenguage S se desarrolló a fines de la década del 80 (del siglo anterior) en los laboratorios de AT&T[1] mientras que el proyecto R partió por Robert Gentleman y Ross Ihaka del Departamento de Estadística de la University of Auckland en 1995. R ha rápidamente ganado una muy diversa audiencia, es actualmente mantenido por el equipo de desarrollo de R ("R core-development team"), un grupo internacional y multidisciplinario de colaboradores voluntarios. El sitio web del proyecto R, `www.r-project.org`, es la principal fuente de información sobre R.

Es importante destacar el significado de lo que realmente es un software libre. Para esto, se incluye un extracto al respecto del GNU. El "Software libre" es un asunto de libertad, no de precio. Para entender el concepto debe pensarse en "libre" como en "libertad de expresión", no como en "cerveza gratis". "Software libre" se refiere a la libertad de los usuarios para ejecutar, copiar, distribuir, estudiar, cambiar y mejorar el software. De modo más preciso, se refiere a cuatro libertades de los usuarios del software:

1 Empresa multinacional de telecomunicaciones.

- La libertad de usar el programa, con cualquier propósito (libertad 0).
- La libertad de estudiar el funcionamiento del programa, y adaptarlo a las necesidades (libertad 1). El acceso al código fuente es una condición previa para esto.
- La libertad de distribuir copias, con lo que puede ayudar a otros (libertad 2).
- La libertad de mejorar el programa y hacer públicas las mejoras, de modo que toda la comunidad se beneficie (libertad 3). De igual forma que la libertad 1 el acceso al código fuente es un requisito previo.

Que R sea libre significa entonces que se pueden descargar ("bajar") los archivos ejecutables y el código fuente sin ningún costo y con obligaciones mínimas. El proyecto R es una comunidad de programadores, estadísticos y analizadores de datos, quienes comparten un interés común en ofrecer y emplear un ambiente de análisis estadístico de fuente abierta. R es como un lenguage de programación que ha sido optimizado para el análisis de datos y modelación estadística. Es importante destacar que R está bajo constante desarrollo.

Box 1 ¿Qué es R?

- Un ambiente computacional estadístico.
- Un lenguage de programación: ¡sin menús!
- Una herramienta para el análisis estadístico y manejo de datos.
- ¡Es un software libre, gratuito y de código abierto!
- Un software al cual mucha gente contribuye.

Una comparación detallada entre R y otros dos programas estadísticos de uso común (SAS y SPSS) es dada por Salas (2008).

Beneficios

Es gratis, de código abierto y corre en todos los sistemas operativos: Unix[2], MS. Windows y Mac OS.

- Tiene un potente sistema de ayuda internamente construido. Posee excelentes capacidades gráficas.
- Los usuarios pueden fácilmente migrar al programa comercial S-Plus si un programa comercial es deseado.

2 Linux es un sistema operativo de la familia Unix, y así también existen diferentes distribuciones de Linux, como por ejemplo: Ubuntu, Mint, Red hat, y Fedora. Puede visitar `www.ubuntu.com`.

- El lenguage de R tiene un gran número de funciones estadísticas pre-programadas.
- El lenguage se puede extender fácilmente al emplear y modificar funciones escritas por usuarios.
- Es un lenguaje de programación computacional. Aquellos usuarios que ya sepan programar se sentiran más familiarizados con R que con otros lenguajes, y para aquellos usuarios nuevos, el siguiente paso para aprender a programar no será tan desafiante.

Potenciales desventajas

R también podría tener algunas complicaciones en comparación a otros programas, como por ejemplo:

a. Tiene una limitada interfaz gráfica o GUI[3]. Esto significa que puede ser más difícil de aprender. No obstante existen soluciones (ver la siguiente sección).
b. No tiene un respaldo comercial. Al contrario, cuando uno usa un software comercial,[4] la empresa del software es responsable por su funcionamiento y debe ofrecer respaldo.
c. El lenguaje de comandos es un lenguaje de programación, entonces los usuarios que quieran aprenderlo deben apreciar los problemas de sintaxis y temas relacionados.

. . . pero también hay soluciones

Hay soluciones para casi todos los puntos en contra de R anteriormente indicados (§1.1).

a. Aunque la interfaz gráfica por defecto de R (la cual se denomina RGui) podría ser poco amigable, existe una serie de alternativas que permiten la edición y trabajo con R de forma más amigable. Por ejemplo, una GUI de R que ha ganado adeptos en los últimos años es "Rstudio" (RStudio Team 2020). Ver Anexo A con otras GUIs.
b. Debido a que R es un software libre, no tiene un respaldo comercial. Sin embargo, existen una gran cantidad de sitios web de ayuda[5] y comunidades de

3 Del inglés, *graphical user interface*.

4 El cual se debe comprar.

5 e.g., el "Rseek", `https://rseek.org`, es un sitio web que permite la búsqueda de contenidos relacionados a documentos, funciones y ejemplos.

listas de correos electrónicos[6] que ofrecen soluciones a consultas de todo tipo. Esto podría ser considerado incluso mejor.

c. El que R sea un lenguage de programación le permitiría a un usuario no tan solo realizar sus análisis estadísticos, sino que también programar otros análisis y manejar sus datos. Esto implica poder hacer uso de los datos de una forma eficiente.

Ventajas de emplear sintaxis para estadística

Las ventajas de emplear sintaxis o programar en un lenguaje comparado con un programa con menús son:

- Muchas más opciones y, por ende, flexibilidad.
- Reproducción: si tiene el código que fue empleado para el análisis de otra persona, Ud. puede saber exactamente qué procedimientos fueron usados para analizar un set de datos.
- Personalización: consigue exactamente lo que quiere, ¡y lo puede reproducir de nuevo!
- Traslado a nuevos sets de datos: es fácil de modificar un código existente a uno nuevo.
- Almacenamiento histórico: después de años de que un análisis fue realizado, se tiene por lo tanto un registro exacto del análisis que se efectuó. Esto implica una mejor trazabilidad.

Box 2 **¿Por qué usar R?**

- Es un software estadístico de primer nivel.
- Ofrece un mayor control de cómo cada procedimiento interno es llevado a cabo.
- Existe una amplia documentación disponible en forma gratuita, así como a la venta.
- Es un ambiente computacional que no es tan solo adecuado para estadística, sino que para varias disciplinas donde análisis cuantitativos son requeridos.
- Corre en MS. Windows, Mac OS y Unix (Linux).
- Gratuito y de código abierto.

6 e.g., a la de Epidimiología se puede acceder y registrar en `https://stat.ethz.ch/mailman/listinfo/r-sig-epi`.

Finalmente, es importante destacar que R contribuye al acceso global y participativo de la ciencia (Evans & Reimer 2009), sobre todo porque es un software que permite análisis estadísticos que son parte importante de la gran mayoría de las investigaciones científicas. Además, los software libres en general tienen en todas las disciplinas un desarrollo muy relevante (Ince et al. 2012).

1.2 ¿Cómo instalar R?

R puede ser instalado en cualquier sistema operativo, lo cual es una gran ventaja en comparación con otros programas estadísticos (Salas 2008). La instalación de R es sencilla, al igual que cualquier otro software. El proceso se inicia al visitar el siguiente sitio web `www.cran.r-project.org/mirrors.html`[7], y seleccionar el servidor desde donde se va a instalar el software. Existen varios servidores disponibles en el mundo, y se puede elegir el que Ud. estime conveniente. Una buena alternativa es el servidor de ETH Zürich (`https://stat.ethz.ch/CRAN/`). Luego de seleccionar el servidor, aparecerán las versiones disponibles de R para cada sistema operativo computacional existente. La instalación en cada sistema operativo es algo diferente, y obviamente asume que el usuario sabe ocupar el sistema operativo respectivo. A continuación se resume la instalación en tres sistemas operativos.

Microsoft Windows

Luego de indicar el servidor, se debe seleccionar el subdirectorio "base", y ahí estará el archivo ejecutable[8] que debe ser bajado al computador e instalado. El link directo al subdirectorio, en el servidor de ETH Zürich, es `https://stat.ethz.ch/CRAN/bin/windows/base` y la instalación continua a partir de ahí como en cualquier otro software. Se recomienda emplear las opciones por defecto en la instalación de R.

Mac OS

Para sistemas operativos de Macintosh (o Mac OS), se debe seleccionar Mac OS en el sitio web y bajar el archivo a ser ejecutado, en este caso es el archivo `R-4.1.1.pkg` de 85 MB y el link directo es `https://stat.ethz.ch/CRAN/bin/macosx/R-4.1.1.pkg`. La instalación es común a la de otra aplicación de Mac (bajar archivo y cliquear).

7 "CRAN" son las siglas para *The Comprehensive R Archive Network*.
8 Dicho archivo tiene el nombre `R-4.1.1-win.exe` y pesa 85 MB.

Linux

Aquí se explican los pasos a seguir para la instalación de R en la distribución Ubuntu (versión Groovy) de Linux.

a. Incluir el servidor apropiado en el archivo `/etc/apt/sources.list`, al editar dicho archivo como sigue:
   `$ sudo gedit /etc/apt/sources.list`
   y en ese archivo agregar el servidor
   `deb https://cloud.r-project.org/bin/linux/ubuntu groovy-cran40/`
b. Ahora, se actualiza el archivo de fuentes
   `$ sudo apt-get update`
c. Finalmente se instala R al tipear lo siguiente en la terminal
   `$ sudo apt-get install r-base`

1.3 ¿Dónde se interactúa con R?

Una vez instalado R en el computador, se puede iniciar el programa mediante el icono respectivo en el menú de programas[9]. R es un software algo distinto a lo que muchos usuarios están acostumbrados, ya que no posee opciones de menús desplegables para realizar los análisis. Esto implica que no hay "cliqueos".

La pantalla de inicio de R es una consola o terminal ("R console" en Fig. 1.1), en la cual se deben escribir comandos que deben ser interpretados por R. En la consola, se tipean comandos después del símbolo ">". Esta consola es la plataforma en la cual se puede interactuar con el programa, y el símbolo " | " parpadeando representa a R esperando instrucciones.

Aunque se pueden escribir los comandos directamente en el terminal, una vez que Ud. aprenda a usar de mejor manera R, le interesará editar los comandos y así también guardarlos para llevar un registro de estos (ver §2.3). Existe una variedad de editores (ver Anexo A), pero durante el desarrollo del libro solo emplearemos el editor por defecto de R ("R Editor" en Fig. 1.1).

9 En Linux basta tipear `R` en el terminal.

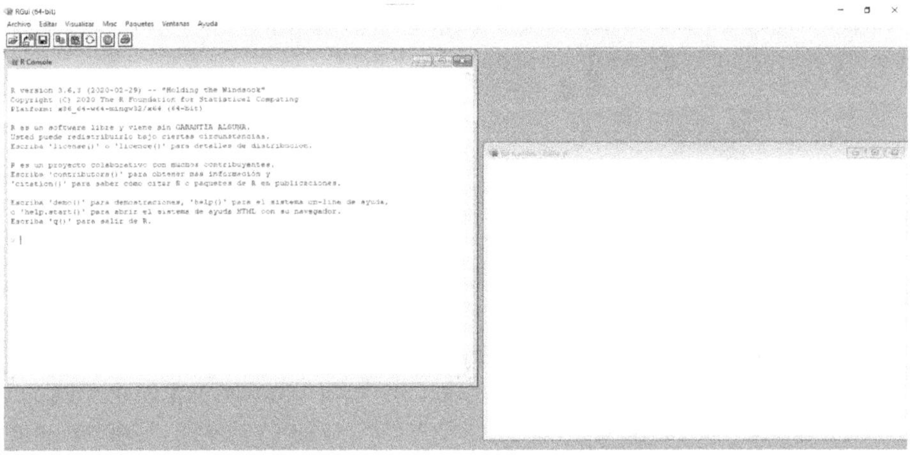

Figura 1.1: *La consola de R y el editor por defecto en la versión Windows. En la consola de R es donde se deben tipear comandos luego del símbolo ">", y en el editor se pueden ir almacenando los comandos. En otros sistemas operativos la estructura de la GUI es la misma, aunque cambia obviamente su despliegue visual.*

1.4 Instalando paquetes

Los denominados paquetes en R son un set de funciones, datos encapsulados[10] y funciones que permiten llevar a cabo algún tipo específico de análisis. Por ejemplo, el paquete `spatstat` (Baddeley & Turner 2005) se emplea para realizar análisis de patrones de distribución espacial de puntos. Mientras que en el paquete `datana` (Salas-Eljatib et al. 2021) están disponibles todos los datos usados como ejemplos en el presente libro. El paquete `deSolve` (Soetaert et al. 2010) entretanto se usa para el análisis de sistemas dinámicos basados en ecuaciones diferenciales.

A continuación se mostrará brevemente cómo se instalan paquetes en R, dependiendo de si el usuario tiene o no los derechos de administración del computador.

Usuario con derechos administrativos

Para instalar un paquete es necesario ocupar la función `install.packages()`. Es la primera vez que se habla de una función de R, sin embargo mayores detalles al respecto se revisarán más adelante (§2.2), por lo tanto, por ahora, no se definirá qué es una función y cómo se estructura.

10 O dataframe como se explica en §3.3.5.

A modo de ejemplo instalaremos el paquete `spatstat` mencionado anteriormente al escribir lo siguiente en la consola de R:

```
> install.packages("spatstat")
```

En algunas distribuciones de R, aparecerá el siguiente mensaje:

```
"--- Please select a CRAN mirror for use in this session ---"
```

y aparecerá una ventana con un listado de servidores. Ahí usted debe seleccionar el servidor deseado, e.g. "`Switzerland`" y, posteriormente, seleccionar "OK" (Fig. 1.2). En otras distribuciones de R, el servidor viene ya predeterminado, por lo tanto no será necesario que especifique uno.

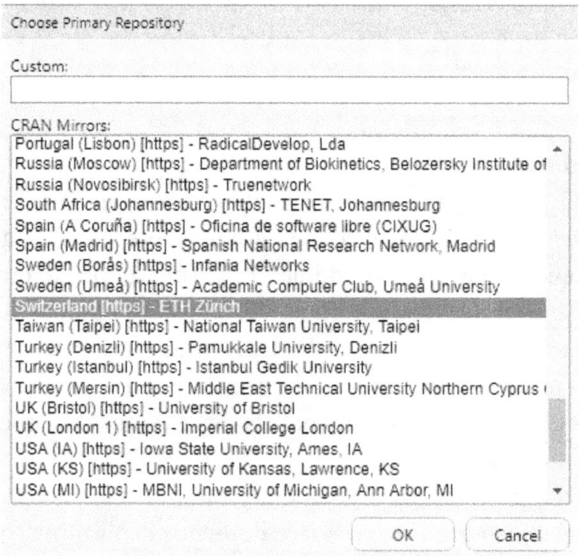

Figura 1.2: *Seleccionando un servidor en R. En este caso se ha seleccionado el servidor* `Switzerland`*, el cual corresponde al mantenido por la Universidad ETH Zürich (Instituto de Tecnología Federal Suizo en Zürich). Obviamente que la elección del servidor puede variar entre usuarios.*

Luego de esto, R mostrará el estado del proceso de bajado e instalación del paquete, hasta que el proceso haya finalizado.

Nota 1.1 Es importante destacar que la sintaxis que se ha ocupado acá, es decir `install.packages()`, corresponde a una función que ya viene programada internamente en R.

Note que se puede instalar más de un paquete a la vez. Por ejemplo, si se instalan dos paquetes (o librerías): `pkg1`, que representa el nombre del primer paquete a instalar y `pkg2` al segundo, se procede como sigue:

```
> install.packages(c("pkg1", "pkg2"))
```

Aplicando lo anterior, se instalarán los paquetes `gdata` (Warnes et al. 2017) y `deSolve` (Soetaert et al. 2010) en una sola línea, mediante

```
> install.packages(c("gdata","deSolve"))
```

Naturalmente esto puede ser extendido a cuantos paquetes se deseen instalar. Los nombres de los paquetes son sensibles a las mayúsculas, así es que se deben escribir tal cual como han sido nombrados por sus creadores.

Nota 1.2 El uso de `c()` es para concatenar más de un elemento en un objeto, por lo tanto, `c()` es una función también. La función concatenar se ocupará frecuentemente en R.

Box 3 **Paquetes recomendados.** Existen varios paquetes de interés, sin embargo, los que se ocuparán en el libro y son recomendables son:

- `datana`: datos y funciones usadas en el presente libro (Salas-Eljatib et al. 2021).
- `foreign`: leer datos en diferentes formatos.
- `dplyr`: manejo de bases de datos (Wickham et al. 2020).
- `gdata`: funciones para la manipulación de datos (Warnes et al. 2017).
- `deSolve`: solución de ecuaciones diferenciales (Soetaert et al. 2010).
- `multcomp`: tests de comparación múltiple (Hothorn et al. 2008).
- `agricolae`: análisis de experimentos (de Mendiburu 2010).
- `nlme`: modelos de efectos mixtos (Pinheiro et al. 2021).

Cuando necesite emplear un paquete en específico, Ud. debe hacerlo a través de la función `library()`. Por ejemplo, si quiere usar el paquete `spatstat`, debe escribir:

```
> library("spatstat")
```

Se procede de la misma forma, para las otras librerías ya instaladas `gdata` y `deSolve`.

Ejercicio 1.1 De los paquetes dados en el *Box* 3, instale `datana`, `foreign`, `dplyr`, y `multcomp` mediante sintaxis en la consola, y luego cargue estos paquetes a la sesión actual.

Nota 1.3 Tanto la función `library()` como `require()` sirven para cargar paquetes a una sesión de R, sin embargo, se recomienda utilizar la primera. Una librería es un directorio donde los paquetes son almacenados. Para ver qué librerías están, escriba:

```
> .libPaths()
```

y para revisar todos los paquetes, examine la salida de:

```
> lapply(.libPaths(), dir)
```

Otra alternativa para instalar paquetes es descargar el archivo comprimido conteniendo con la fuente del paquete al computador. Este archivo se encuentra en formato `tar.gz`. Como ejemplo, descargue el archivo comprimido del paquete `datana` desde `www.eljatib.com/rlibro`, el cual lleva por nombre `datana_1.0.0.tar.gz` y almacénelo en su carpeta de descarga (se asume que se llama "Descargas"). Puede proceder a instalar el paquete en R mediante

```
> install.packages("~/Descargas/datana_1.0.0.tar.gz", repos=NULL,
type="source")
```

Usuario sin derechos administrativos

Cuando un usuario no tiene derechos administrativos de un computador, es necesario primero instalar los archivos del paquete en una carpeta física (o en cualquier ubicación donde se tengan privilegios de escritura). Por ejemplo, si se tiene una unidad USB externa (identificada en el computador como la unidad "E") donde se mantendrán los archivos del paquete `multcomp`. el procedimiento es como sigue:

a. Obtener el archivo comprimido con todos los archivos necesarios de un paquete/librería. Por ejemplo, para la librería `multcomp`, el archivo comprimido se llama `multcomp 1.4-13.zip` el cual se puede bajar desde `https://cran.r-project.org`

b. Extraer el archivo comprimido en un directorio donde se tengan privilegios de escritura (e.g., "misRlibrerias"). La ruta completa sería `E:\misRlibrerias`.

Tal como fue explicado se necesita emplear la función `library()` para cargar un paquete. Sin embargo, ya que no se poseen los derechos administrativos del computador, se debe indicar la ruta a la librería. Por ejemplo, si Ud. quiere usar el paquete `multcomp`, debe escribir:

```
> library(multcomp,lib.loc="E:\misRlibrerias")
```

Ejercicio 1.2 Instale los paquetes del *Box* 3 mediante sintaxis en la consola y luego cargue cada paquete usando la función `library()`.

Box 4 Revisando los paquetes instalados.

Algunas funciones de utilidad que permiten chequear los paquetes instalados en R.

- Actualizar paquetes: Ya que los paquetes de R están constantemente siendo renovados y nuevas versiones están disponibles en los servidores, es importante cada cierto tiempo actualizarlos. La actualización de todos los paquetes en el computador se realiza mediante la función
  > update.packages()
- Listado de paquetes instalados: Muestra todos los paquetes instalados a través de la función
  > installed.packages()
  Esto listará la versión de cada paquete que se está empleando. Si solo está interesado en los nombres de los paquetes, puede emplear la función row.names() combinada con la anterior al escribir
  > row.names(installed.packages())
- Listado de paquetes cargados: Si quiere saber qué paquetes están siendo usados en la presente sesión de R, pruebe con
  > (.packages())

Citando R y sus paquetes

Así como se citan artículos científicos, libros y otros documentos para reconocer el trabajo y esfuerzo de otros, se debe citar R en el caso que se use en análisis. Para citar R en algún documento (e.g., tesis o en un artículo), se puede revisar el estilo de citado como sigue:

```
> citation()

To cite R in publications use:

  R Core Team (2021). R: A language and environment for sta-
  tistical computing. R Foundation for Statistical Computing,
  Vienna, Austria. URL https://www.R-project.org/.

A BibTeX entry for LaTeX users is
```

```
@Manual{,
  title = {R: A Language and Environment for Statistical Compu-
  ting},
  author = {{R Core Team}},
  organization = {R Foundation for Statistical Computing}, ad-
  dress = {Vienna, Austria},
  year = {2021},
  url = {https://www.R-project.org/},
}
```

Luego de la cita en publicaciones (i.e., copiar y pegar), se indica la sintaxis para citar esta publicación en BibTeX, el motor de almacenamiento de citas del sistema de procesamiento de documentos de alta calidad LaTeX[11].

Ahora bien, si Ud. quiere citar un paquete de R en específico, por ejemplo, el paquete de análisis espacial llamado `spatial`, puede encontrar la cita de ese paquete[12] al tipear

```
> citation("spatial")
```

```
To cite the spatial package in publications use:

  Venables, W. N. & Ripley, B. D. (2002) Modern Applied Statis-
  tics with
  S. Fourth Edition. Springer, New York. ISBN 0-387-95457-0
```

Ejercicio 1.3 Indique la cita de los paquetes `foreign` y `dplyr` ya instalados en el ejercicio 1.2.

Ejercicio 1.4 Escriba en un papel, o en un archivo de texto libre, todas las funciones de R que se han ocupado hasta el momento en el libro. Además, describa brevemente (entre tres a siete palabras) para qué sirven cada una de ellas.

---

11 Puede visitar `www.latex-project.org`

12 Debe haber instalado ese paquete antes de solicitar su cita bibliográfica.

2.1 R como una calculadora

Las operaciones matemáticas básicas en R se aplican simplemente como sigue:

```
> 1+1
[1] 2
> 100/10
[1] 10
> 1*4
[1] 4
> 1-3
[1] -2
```

Note que "[1]" representa el número de elementos que tiene el resultado (output) de la sintaxis. Se pueden agregar comentarios a cada operación con el símbolo #, lo cual podría servir para recordar qué hace cada línea de código.

```
> 0.4*7  # multiplicacion
[1] 2.8
> .4*7   #da el mismo resultado que lo anterior
[1] 2.8
```

Box 5 **Números decimales en R.** Todo los números decimales en R se representan por puntos, pero en el texto del libro se denotarán como corresponde, es decir, como coma. Por ejemplo, el número 0,4 se escribe en R como `0.4`.

Ejercicio 2.1 ¿Qué pasa cuando se comete un error? Compare el resultado de las siguientes dos líneas de comando e interprete a qué se debe el mensaje de error que Ud. obtiene.

```
> 0.002*23
> 0,002*23
```

Box 6 **¿Qué representa # en R?:** Los comentarios en R se realizan mediante el símbolo #. Cualquier cosa escrita luego de dicho símbolo en una linea no será procesado por R y se subentiende es un comentario.

2.2 Funciones en R

Una función en R es un comando computacional que, basado en información de entrada (e.g., un vector, datos, parámetros), ejecuta una sintaxis programada entregando resultado(s). R tiene una gran gama de funciones predesarrolladas (algunas de las cuales se muestran a continuación) así como también un usuario puede desarrollar sus propias funciones (e.g., ver §5.4).

Box 7 **¿Cuál es la estructura de una función en R?:**

```
nombreFx(objeto,opciones)
```

Donde:

- nombreFx es el nombre de la función
- objeto es el nombre del objeto al cual se le aplicará la función
- opciones son especificaciones que se necesitan para aplicar la función

A continuación se ejemplifican algunas funciones para así explicar su uso y entender su estructura.

2.2.1 Funciones matemáticas

En el análisis de datos es usual tener que transformar variables o bien calcular nuevas variables a partir de otras. Las variables originales se pueden transformar usando las funciones matemáticas detalladas en el cuadro 2.1.

Cuadro 2.1: *Algunas funciones matemáticas y sus respectivas sintaxis en R.*

Expresión matemática	Función en R	Ejemplo
π	`pi`	`pi + 1`
y^2		`7^2`
$\sqrt{y}$	`sqrt()`	`sqrt(64)`
$\mid y \mid$	`abs()`	`abs(-10)`
e^y	`exp()`	`exp(-0.2)`
$\ln(y)$	`log()`	`log(3)`
$\log(y)$	`log10()`	`log10(0.5)`
$\log_4(y)$	`log()`	`log(1.7,base=4)`
$y!$	`factorial()`	`factorial(4)`

A continuación algunos ejemplos de funciones matemáticas en R

```
> log(5) #log.natural de 5
[1] 1.6094
> exp(5) #const.neperiana elevado a 5
[1] 148.41
> sqrt(16) #raiz cuadrada de 16
[1] 4
```

Box 8 **R permite anidar funciones.** Se pueden anidar funciones en una misma expresión, lo cual facilita los cálculos. Por ejemplo, la expresión matemática

$$\sqrt{\ln 5} \tag{2.1}$$

se escribe simplemente como

```
> sqrt(log(5))
[1] 1.2686
```

Otra característica importante de R es que no es sensible a los espacios (esto es una ventaja), ya que la expresión anterior también se puede escribir

```
> sqrt (     log     (     5     )     )
[1] 1.2686
```

o incluso en varias líneas

```
> sqrt (
        log(5)
        )
[1] 1.2686
```

Ejercicio 2.2 Escriba la sintaxis que represente a las siguientes expresiones matemáticas y calcule los valores resultantes. Recuerde lo explicado en el *Box* 5 sobre los números decimales.

$$7!\left(\frac{4^{1/3} - 14}{5!}\right) \tag{2.2}$$

$$\frac{1}{e^{\sqrt{\ln|-10{,}4^{1{,}2}|}}} \tag{2.3}$$

2.2.2 Funciones de densidad de probabilidad

Las funciones de densidad de probabilidad (fdp) en R están implementadas en diferentes formas que se expresan como su densidad, su función de distribución, valores cuantiles y generación de números aleatorios. Una fdp para una variable continua cumple lo siguiente:

$$1 = \int_{-\infty}^{\infty} f(y)dy, \tag{2.4}$$

donde $f(y)$ es la función de densidad de probabilidad.

Si se conoce la fdp de una variable aleatoria Y, entonces se puede describir la probabilidad de esa variable al resolver la integral de la función de densidad de esta variable, lo cual se explicará a continuación. Por lo tanto, es clave entender que la fdp de una variable aleatoria Y no entrega directamente la probabilidad de dicha variable para un determinado valor de Y, sino que el valor de la densidad de probabilidades de la fdp para dicho valor.

Gauss (o Normal)

La fdp de Gauss o Normal se define como el siguiente modelo

$$f(Y) = \frac{1}{\sigma\sqrt{2\pi}} e^{-\frac{(Y-\mu)^2}{2\sigma^2}}, \tag{2.5}$$

donde: $f(Y)$ es la función que describe la densidad de probabilidades de la variable aleatoria Y, donde $-\infty < Y < \infty$; teniendo los siguientes parámetros: μ la media y σ^2 la varianza de la distribución; $-\infty < \mu < \infty$; y $\sigma > 0$.

La función `rnorm()` de R entrega un número aleatorio proveniente de una distribución normal. Por ejemplo,

```
> rnorm(1)
> [1] -0.70212
```

entrega un número aleatorio[13] desde una distribución de Gauss. Dado que no se ha especificado los valores de la media y la desviación estándar de la distribu-

13 Es muy probable que Ud. obtenga un número diferente al que se presenta aquí, ya que R empleará un estado distinto en la generación del número aleatorio.

ción, R por defecto les asigna valores de 0 y 1, respectivamente, por lo tanto, lo que está asumiendo es una distribución normal estándar.

```
> rnorm(2) #dos numeros, de pdf Gaussiana estandar
[1] 0.19601 0.67802
> rnorm(1, mean=10, sd=20)
[1] 44.893
```

La función `dnorm()` describe la función de densidad de probabilidades para la fdp de Gauss, es decir, evalúa la función de la Ec. (2.5).

```
> dnorm(1)
[1] 0.24197
> dnorm(0)
[1] 0.39894
> dnorm(2,mean=10, sd=20)
[1] 0.018414
```

Ejercicio 2.3 Indique la sintaxis para la fdp de Gauss, es decir, escriba la Ec. (2.5). Posteriormente calcule el valor de $f(y)$ de dicha fdp para las siguientes tres condiciones dependiendo de los valores de los parámetros μ, σ y la variable aleatoria y:
(a) $y = 1$, $\mu = 1$, $\sigma = 1$
(b) $y = 0$, $\mu = 1$, $\sigma = 1$
(c) $y = 60$, $\mu = 14$, $\sigma = 20$

Ejercicio 2.4 Ahora usando la función `dnorm()` obtenga los valores de $f(y)$ para los mismos escenarios descritos en el ejercicio 2.3. Compare esos valores con los que ya obtuvo en dicho ejercicio.

La función `pnorm()` describe la función de distribución de probabilidades o probabilidad acumulada (fpa) de ocurrencia hasta un valor específico de una variable aleatoria. Generalmente una fpa se representa por $F(y)$

$$F(Y) = P(Y \leq y) = \int_{-\infty}^{y} f(y)dy. \tag{2.6}$$

Esto es para cada y, i.e., una realización de la variable aleatoria Y, $F(Y)$ es el área bajo la curva de densidad a la izquierda de y. En R esto simplemente se calcula al dar los valores necesarios para la función pnorm como sigue

```
> pnorm(1.96)
[1] 0.975
> pnorm(50,mean=30,sd=6)
[1] 0.99957
```

La figura 2.1 ilustra la diferencia entre las funciones de densidad y de distribución de probabilidades.

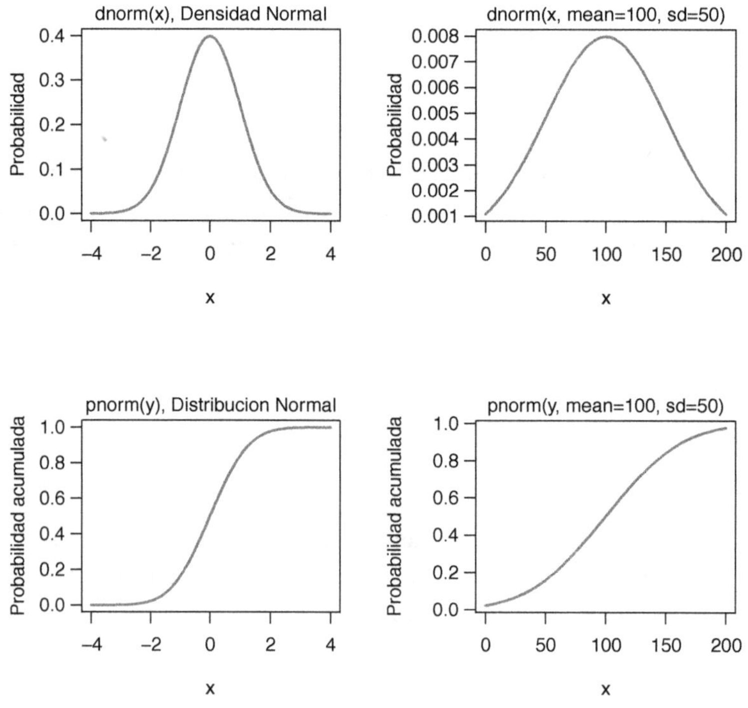

Figura 2.1: *Funciones de densidad de probabilidad (primera fila de figuras) y de distribución de probabilidad (segunda fila de figuras) para el caso de la función de Gauss. La primera columna es una función Gaussian estándar (i.e.,* $\mu = 0$ *y* $\sigma = 1$*) y la segunda columna es una función Normal con* $\mu = 100$ *y* $\sigma = 50$.

Uniforme

La función de densidad de probabilidades uniforme es el siguiente modelo:

$$f(y) = \frac{1}{\alpha - \beta} \qquad (2.7)$$

donde $f(y)$ es la función que describe la densidad de probabilidades de la variable aleatoria y, α y β son los parámetros de la función representando el valor máximo y mínimo respectivamente. La fdp uniforme en R está implementada de diferentes maneras. Por ejemplo, la función `runif()` entrega números aleatorios provenientes de una distribución uniforme. Si no se especifican los parámetros de la función, como sigue:

```
> runif(1) #un solo numero
[1] 0.61562
```

R asigna para estos un valor de 0 y 1, respectivamente, es decir, representará una distribución uniforme estándar. No obstante, se pueden especificar parámetros distintos, tal como se muestra a continuación:

```
> runif(2, min=-10, max=10)
[1] -4.7293   9.9674
```

La función `dunif()` entrega la densidad de probabilidades para el valor de una variable aleatoria distribuida con fdp uniforme

```
> dunif(1)
[1] 1
> dunif(0, min=0, max=10)
[1] 0.1
> dunif(2, min=0, max=10)
[1] 0.1
```

Solo se han presentado dos funciones de distribución de probabilidad, sin explorar todas sus variantes. Sin embargo, R posee un conjunto completo de otras funciones de distribución de probabilidades que se pueden revisar en mayor detalle (Cuadro 2.2).

Cuadro 2.2: *Algunos modelos de densidad de probabilidades y sus respectivas funciones en R, para la generación de números aleatorios, densidad, probabilidad acumulada y cuantiles.*

Fdp	Número aleatorio	Densidad	Prob. acumulada	Cuantil
Binomial	`rbinom()`	`dbinom()`	`pbinom()`	`qbinom()`
Binomial negativa	`rnbinom()`	`dnbinom()`	`pnbinom()`	`qnbinom()`
Beta	`rbeta()`	`dbeta()`	`pbeta()`	`qbeta()`
Normal	`rnorm()`	`dnorm()`	`pnorm()`	`qnorm()`
Poisson	`rpois()`	`dpois()`	`ppois()`	`qpois()`
t-Student	`rt()`	`dt()`	`pt()`	`qt()`
Uniforme	`runif()`	`dunif()`	`punif()`	`qunif()`
Weibull	`rweibull()`	`dweibull()`	`pweibull()`	`qweibull()`

2.2.3 Funciones trigonométricas

Las funciones trigonométricas en R se basan en radianes, no en ángulos. Por lo tanto, se deben transformar desde ángulos a radianes, e.g., un ángulo α medido en grados se transforma a radianes mediante la siguiente fórmula:

$$\alpha \times \frac{\pi}{180} \tag{2.8}$$

Cuadro 2.3: *Algunas funciones trigonométricas y sus respectivas funciones en R*

Expresión	Función en R
$\cos(\alpha)$	`cos()`
$\sin(\alpha)$	`sin()`
$\tan(\alpha)$	`tan()`
$\cos^{-1}(\alpha)$	`acos()`
$\sin^{-1}(\alpha)$	`asin()`
$\tan^{-1}(\alpha)$	`atan()`

A continuación algunos ejemplos de funciones trigonométricas:

```
> sin(0*(pi/180)) #seno de un angulo de 0 grados
[1] 0
> tan(45*(pi/180)) #tangente de un angulo de 45 grados
[1] 1
```

2.2.4 Otras funciones útiles

La función concatenar

El concatenar se puede entender como posicionar elementos uno al lado del otro, y en R se representa por la función "c()". Por ejemplo, tres elementos numéricos se pueden concatenar con

```
> c(34,67,25)
[1] 34 67 25
```

y cuatro elementos alfanuméricos con

```
> c("Colombia","Ecuador","Argentina","Chile")
[1]  "Colombia"  "Ecuador"  "Argentina"  "Chile"
```

La función `seq()`

Esta es una función para generar secuencias regulares. Por ejemplo,

```
> seq(0, 10) #serie entre 0 y 10, cada 1
[1]  0  1  2  3  4  5  6  7  8  9  10
> seq(10, 11, by=0.2) #serie entre 10 y 11, cada 0.2
[1] 10.0 10.2 10.4 10.6 10.8 11.0
```

Nota 2.1 En programación computacional hay varias formas de llegar al mismo resultado. Por ejemplo, es posible obtener la misma secuencia que entrega `seq(0, 10)` al usar

```
> 0:10
[1]  0  1  2  3  4  5  6  7  8  9  10
```

Funciones relacionadas a redondear números

`round()`: Esta es una función para redondear números a cuantos decimales se deseen. Por ejemplo:

```
> round(4.2345,1) #redondear con un decimal
[1] 4.2
> round(4.2345,0) #redondear sin decimal
[1] 4
```

Ejercicio 2.5 Detalle la sintaxis necesaria para calcular el logaritmo natural de cinco números provenientes de una distribución de Gauss con media igual a 550 y desviación estándar de 35, donde los números resultantes tengan solo un decimal. Esto debe ser escrito en una sola línea.

`floor()` : Una función para redondear números a su valor entero, menor al valor original. Por ejemplo:

```
> floor(4.2345) #redondear al entero menor
[1] 4
```

`ceiling()` : Una función para redondear números a su valor entero, mayor al valor original. Por ejemplo:

```
> ceiling(4.2345) #redondear al entero mayor
[1] 5
```

2.3 Llevando un registro

Hasta ahora ya se sabe que en R se trata de ir escribiendo comandos y sintaxis en su consola. Dado que luego interesará poder repetir o mejorar el análisis, es vital tener un registro de lo que se va realizando. El empleo de sintaxis permite coleccionar el grupo de procesos que son necesarios para hacer un análisis determinado. Por ejemplo, si se debe analizar un experimento relacionado con una tesis, para lo cual primero se debió depurar los datos, luego realizar algunos gráficos, posteriormente comparar distintos modelos y finalmente producir una tabla o gráfico que será parte importante de la tesis, R ofrece distintas alternativas que ayudan a documentar los análisis que están siendo llevados a cabo, para así facilitar posteriormente su replicación.

Guardando el historial de comandos

La función `savehistory` permite grabar en un archivo todos los comandos escritos en la consola en una sesión determinada. Por ejemplo, guardándolo con el nombre "misComandos", como sigue

```
> savehistory(file = "misComandos.Rhistory")
```

El archivo `misComandos.Rhistory` contiene todo lo que se ha escrito en la consola, es decir, incluye potenciales errores, y si se ha ejecutado varias veces una misma sintaxis, la registrará en este archivo que es simplemente un archivo de formato libre, donde solo aparece el texto ingresado. Note que la extensión `.Rhistory` se asigna simplemente para que R reconozca que se trata de un archivo con el historial de sintaxis.

Una vez que se ha terminado una sesión de R, y tiempo después se inicia una nueva, es posible cargar ese historial de comandos guardado mediante la función `loadhistory()`, sin necesidad de volver a escribir todo de nuevo, como sigue

```
> loadhistory(file = "misComandos.Rhistory")
```

Guardando el espacio de trabajo

Ya que en una sesión se crean objetos y cargan datos, a veces es recomendable guardarlos todos y así evitar trabajo adicional posterior. La función `save.image()` permite guardar todos los objetos creados en una sesión, así como también la sintaxis. Por ejemplo, guardando el espacio de trabajo de una sesión con el nombre "miEspTbjo", como sigue

```
> save.image("miEspTbjo.Rdata")
```

El archivo `miEspTbjo.Rdata` contiene todos los objetos que hemos generado. Note que la extensión `.Rdata` se asigna simplemente para que R reconozca que se trata de un archivo con el espacio de trabajo. En una nueva sesión se puede cargar el espacio de trabajo guardado mediante la función `load()`, como sigue

```
> load("miEspTbjo.Rdata")
```

Ejercicio 2.6 Cierre su sesión de R y vuelva a entrar. Luego carge la imagen de trabajo que Ud. guardó anteriormente.

Archivo con sintaxis de análisis (*script*)

Una de las mejores características de R es poder documentar toda la sintaxis empleada para un análisis desarrollado. Esto simplemente se consigue al escribir en un archivo de texto simple los comandos, sintaxis y comentarios empleados, el cual posteriormente se abre y corre dentro de R. Note que dicho archivo o *script*, se puede escribir y abrir dentro de R empleando su GUI (Fig. 1.1), o bien en cualquier otro editor de texto. El archivo script puede tener cualquier extensión libre, sin embargo, emplear la extensión .R facilita el reconocimiento como tal por el software.

2.4 Buscando ayuda sobre R

Al igual que con cualquier software que se esté aprendiendo, probablemente tenga más de algún problema al usar R. Por ello es importante saber qué alternativas existen para buscar ayuda. Cuando el usuario se encuentra dentro de una sesión de R, se puede tipear "?" seguido por el nombre de una función o tema del cual necesite ayuda. Por ejemplo, pruebe con,

```
> ?rnorm
```

o bien

```
> help(rnorm)
```

Ahora bien, si se necesita más ayuda, en general las fuentes para R son cuatro: (a) libros, (b) revistas científicas, (c) internet, y (d) usuarios avanzados de R.

a. Libros

   Existe una buena cantidad de libros sobre R en distintas disciplinas. Por ejemplo:

- Venables & Ripley. 1994. Modern Applied Statistics with S. Springer, New York, EEUU.
- Pinheiro & Bates. 2000. Mixed-Effects Models in S and S-Plus. Springer.
- Cryer & Chan. 2008. Time Series Analysis with Applications in R. Springer, New York, EEUU.
- Foulkes. 2009. Applied Statistical Genetics with R: For Population-Based Association Studies. Use R. Springer.
- Robert & Casella. 2010. Introducing Monte Carlo Methods with R. Use R, Springer.

b. Revistas científicas

- The R Journal (http://journal.r-project.org/)
- Journal of Computational and Graphical Statistics (https://www.tandfonline.com/toc/ucgs20/current)
- Journal of Statistical Software (https://www.jstatsoft.org/index)

c. Internet

- Buscador. Dentro de la ventana de busqueda de cualquier buscador (i.e., Google, Yahoo), tipee [R] y luego la palabra o frase que te interesa buscar, por ejemplo:

  `[R] random number generator`

  `[R] regression`

  `[R] simulation`
- Lista de emails (Mailing list). Existen variadas *mailing lists*, donde varios usuarios responden a problemas con sus sintaxis, y eso queda documentado en archivos a los que se puede acceder vía internet. Por ejemplo, se puede consultar en:

  `https://stat.ethz.ch/mailman/listinfo/r-sig-dynamic-models`,

  `https://stat.ethz.ch/mailman/listinfo/r-sig-geo`, o

  `https://r.789695.n4.nabble.com/R-help-f789696.html`

d. Usuarios avanzados de R

Si Ud. conoce a alguien que tenga un conocimiento avanzado de R, podría consultarle. Sin embargo, es recomendable primero revisar por sus propios medios, ya que en ese proceso de busqueda de seguro Ud. descubrirá nuevos detalles.

Box 9 Terminología de R. Se revisan los principales términos que se han ocupado hasta ahora.

a. **Función**

Un comando computacional que basado en alguna información de entrada (*input*) (e.g., un vector, una dataframe) ejecuta una sintaxis programada (e.g, la función `mean` calcula la media aritmética de un vector numérico) entregando una salida (*output*).

b. **Objeto**

Es un elemento creado en la sesión de R, y siendo este de cualquier clase, por ejemplo, podría ser un escalar, una dataframe, una lista u otro. La función `class()` indica la clase de objeto.

c. **Matriz**

Es un tipo de objeto que posee filas y columnas, y cada celda de la matriz tiene números. En este tipo de objeto cada columna tiene la misma cantidad de observaciones.

d. **Set de datos**

Es un tipo de objeto que posee filas y columnas, donde todas las columnas tienen la misma cantidad de observaciones. Cada columna puede corresponder a diferentes tipos de objetos, por ejemplo, si una dataframe tiene nueve columnas, la primera puede representar un objeto alfanumérico, la segunda un objeto lógico, mientras que el resto numéricos. Una dataframe entonces es un objeto que representa un grupo de columnas, con sus nombres, tipos y otras características. En palabras más simples: es el nombre empleado para describir un set de datos.

e. **Lista**

Es un tipo de objeto más complejo que los anteriores que contiene elementos de diferentes tipos como, por ejemplo, númericos, lógicos, alfanuméricos y de diferentes largos.

f. **Paquete**

Set de funciones, dataframes y códigos compilados que permiten aplicar modelos y/o procedimientos estadísticos. Por ejemplo, el paquete `spatstat` se usa para análisis espaciales y `datana` para emplear los datos y funciones empleadas en la presente obra.

g. **Librería**

Es un directorio donde se almacenan los paquetes en el computador. Un usario puede tener múltiples librerías en su disco duro.

Nota 2.2 Algunos consejos para una mejor programación computacional futura:

- No ocupar tildes ni espacios al nombrar objetos en R. También se recomienda no guardar archivos computacionales con nombres largos que incluyan espacios, tildes o la letra ñ, incluso se sugiere evitar el uso de mayúsculas (la vida se hará más sencilla).
- No se desanime si algo no le resulta a la primera, siga intentando, y si bien R no es tan sencillo al comienzo, una vez que se entienda mejor su funcionamiento, se facilitará el trabajo en el futuro.
- R, como cualquier otro programa, tenderá a ser más sencillo para usted y más poderoso a medida que más lo practique.

Ejercicio 2.7 Escriba en un papel o en un archivo de texto, todas las funciones de R que ha aprendido en el capítulo 2. Describa brevemente también (entre tres a siete palabras) para qué sirven cada una de ellas.

3.1 Asignación

En R los objetos son prácticamente todo lo que se crea en una sesión. Los objetos pueden ser de varias clases, desde la simple asignación de un valor numérico a una variable (objeto escalar) hasta gráficas. Se comenzará, sin embargo, por definir objetos escalares, es decir, aquellos que tienen dimensión 1×1. En R se asignan o definen objetos mediante el símbolo "<-". Por ejemplo:

```
> b <- 24 #creando un objeto b y asignandole el numero 24
> b
[1] 24
```

Note que lo mismo se puede obtener al definir `b` como sigue

```
> b = 24
```

Es decir, empleando el símbolo "=" en vez de "<-", sin embargo, el símbolo "=" también se emplea para otras cosas y no tan solo para asignaciones, por lo tanto, se recomienda solo emplear "<-" cuando quiera realizar asignaciones a objetos.

Ahora bien, se puede volver a asignar cualquier objeto cuantas veces queramos y R se quedará con la última asignación realizada. Por ejemplo, si tipeamos

```
> b
[1] 24
```

aparecerá el primer valor asignado al objeto `b`, sin embargo, si lo volvemos a definir como

```
> b <- 54 #re-asigno b con el numero 54
> b
[1] 54
```

se cambia el valor asignado al objeto `b`. Este es un ejemplo sencillo, pero ilustra el funcionamiento de asignaciones en R.

Box 10 Asignación múltiple. Ya se aprendió que se puede asignar el número 23 al objeto `d` mediante

```
> d <- 23
```

pero en el caso que se requiera asignar este mismo número a los objetos `f` y `g`, se puede simultáneamente escribir

```
> f  <- g  <- d  <- 23
```

3.2 Valores escalares

R tiene diferentes clases de valores escalares, a partir de las cuales se construyen estructuras de datos más grandes. R puede realizar cierto tipo de operaciones dependiendo de la clase del objeto, entonces es importante revisar esto brevemente. Los tres tipos básicos de valores escalares son: numérico, cadena de carácteres alfanuméricos y lógico.

3.2.1 Numérico

Es la clase de valor por defecto para la mayoría de los números en R. Por ejemplo, un número entero es un subtipo de la clase númerica y podría ser usado como un valor numérico. Ud. puede calcular cualquier tipo de operaciones matemáticas o lógicas, por ejemplo,

```
> exp(1)
[1] 2.7183
> log(3+1) #el ln de 3+1
[1] 1.3863
> sin(pi)  #pi es una constante internamente definida en R
[1] 1.2246e-16
```

Ejercicio 3.1 Calcule (usando R) el área de un círculo de radio 9 metros, según

$$Área = \pi r^2, \tag{3.1}$$

donde: r es el radio del círculo. Almacene su resultado en un vector denominado `area`.

Ejercicio 3.2 Si el intercepto y la pendiente de una recta son −4,3 y 1,4, respectivamente, ¿Cuál es el valor de la recta cuando $x = 9{,}5$? Recuerde que una recta se representa por la siguiente ecuación

$$y = \beta_0 + \beta_1 x, \tag{3.2}$$

donde: β_0 y β_1 son los parámetros del intercepto y la pendiente, respectivamente; y x es la variable del eje de abscisas.

3.2.1.1 Operaciones con escalares

Se puede aplicar a todas las operaciones matemáticas entre vectores que contengan el mismo largo o número de elementos.

Box 11 **Asignando valores a objetos en una expresión matemática.** Junto con unir los conceptos de asignación de valores a objetos y escribir expresiones matemáticas, se quisiera resaltar que R no es sensible al espaciado al escribir códigos, por lo tanto se debe usar deliberadamente entre argumentos y entre objetos y operadores aritméticos para evitar errores. Por ejemplo, la siguiente expresión

$$e^{\sqrt{\{w \times (2{,}2+k)\}^3}}, \tag{3.3}$$

donde w y k son constantes ($w = 0{,}3$ y $k = 3{,}5677$), puede ser escritos en R como

```
> w <- 0.3
> k <- 3.5677
> exp(sqrt((w*(2.2+k))^3))
```

o mejor aprovechar el espaciado libre de R y también lo podría escribir así

```
> exp(
    sqrt(
        ( w * ( 2.2 + k )
        )^3
        )
    )
```

Con la última alternativa un usuario se equivocaría menos en los paréntesis que con la primera, así también (y lo más importante) puede realmente representar a la ecuación (3.3).

Ejercicio 3.3 Empleando las dos formas de escribir en R la expresión de la Ec. (3.3) dadas en el recuadro anterior, compare el valor resultante. ¿Obtiene el mismo valor?

Ejercicio 3.4 Cree los escalares `alpha` y `beta`, y asígnele los siguientes valores: 16,94 y 7,53, respectivamente. Además cree un objeto `x` que contenga el valor 40. Usando la siguiente función, denominada de Michaleis-Menten,

$$y = 1{,}3 + \frac{\alpha x}{\beta + x} \tag{3.4}$$

donde: α y β son parámetros representados por los escalares `alpha` y `beta`, proceda a calcular el valor de y para el valor dado de x.

3.2.2 Cadena de caracteres alfanuméricos (*string*)

Una cadena de caracteres, *string* en inglés, es una colección de caracteres alfanuméricos[14]. Por ejemplo, se asignará el siguiente texto que es una combinación de letras y números al objeto que se definirá como `elmundial`

```
> elmundial <- "qatar2022"
> elmundial
[1] "qatar2022"
```

Note que R devuelve los caracteres de texto entre comillas, sin embargo, además de definir un elemento alfanumérico mediante el uso de

" "

se puede lograr mediante

' '

por ejemplo,

```
> yo <- 'Josefa'
> yo
[1] "Josefa"
> tu <- "Eduardo"
```

14 Es decir, letras, números arábigos y signos.

```
> tu
[1] "Eduardo"
> ella <- 'Myriam'
> ella
[1] "Myriam"
```

Nota 3.1 Aunque parece trivial, es importante tener un cierto orden o lógica para nombrar objetos. Un objeto puede llevar punto, e.g., el anterior que se denominó `elmundial`, podría ser un objeto llamado `el.mundial` por un tema de organización con respecto a los objetos creados.
Más adelante en el libro esto sera más evidente cuando se creen varios conjuntos de datos y se comiencen a nombrar como: `mis.datos1` y `mis.datos2`; o bien `db.1` y `db.2`.
Por ahora, lo importante es entender que un objeto puede llevar punto sin ningún problema y en el libro se tenderá a ocupar puntos en objetos para darle un sentido lógico a los objetos creados.

3.2.3 Lógico

Operaciones lógicas crean valores lógicos. Estos son TRUE (verdadero) o FALSE (falso). Las operaciones lógicas pueden implementarse mediante los operandos detallados en el Cuadro 3.1.

Cuadro 3.1: *Operandos lógicos en R.*

Operación	Expresión
Y	&
O	|
No	!
Mayor que	>
Menor que	<
Mayor o igual que	>=
Menor o igual que	<=
Igual que	==
Distinto que	!=

Por ejemplo, se crean dos objetos (a y b) como sigue:

```
> a <- 4; b <- 7
```

Nota 3.2 Note que el uso de ";" entre asignaciones, es equivalente a decir que lo escrito después de ";" corresponde a una nueva línea de código. Esto obviamente disminuye la extensión de un script y, por lo mismo, a veces se emplea para instrucciones simples o asignaciones.

Luego de definidos los objetos, se hacen dos preguntas lógicas:

```
> a > b #Es a mayor que b?
[1] FALSE
> a < b #Es a menor que b?
[1] TRUE
```

Por convención, en estadística, la ocurrencia de un fenómeno (i.e., Sí) es representada con el número 1 y la no ocurrencia (i.e., No) con el número 0 (Salas-Eljatib et al. 2018). Incluso si se necesita pasarlo a numérico se puede realizar mediante la función `as.integer()`:

```
> as.integer(TRUE)
[1] 1
> as.integer(FALSE)
[1] 0
```

Box 12 **¿Qué clase de objeto es?** Se puede consultar qué clase de objeto es mediante el comando `class()`, o preguntando directamente por una clase específica de objeto. Revise lo siguiente:

```
> d <- 56 # asignando el numero 56 a d
> class(d) #Que clase de objeto es d?
[1] "numeric"
> is.numeric(d) #Es d un objeto numerico?
[1] TRUE
> la.metropolis <- 'Santiago'
> class(la.metropolis)
[1] "character"
> is.character(la.metropolis) #Es de caracteres?
[1] TRUE
```

3.3 Estructura de datos

3.3.1 Vector

Un vector se puede imaginar como una colección de elementos, escalares, y se puede crear mediante el uso de la función concatenar (la cual se ha usado antes), como sigue:

```
> x1<-c(1,4,5,0.7,3)
> x2<-c(10,-4,35,1,3)
> x1
[1] 1.0 4.0 5.0 0.7 3.0
> x2
[1] 10 -4 35 1 3
```

y un vector con caracteres alfanuméricos se puede crear así:

```
> g.x<-c('A01,'A1','A2','A3','A4')
> g.x
[1] "A0" "A1" "A2" "A3" "A4"
```

Ejercicio 3.5 Cree un vector que contenga 10 números aleatorios provenientes de una distribución normal estándar y llame a este vector y1. De la misma manera, cree otro vector (al que denominará y2) con la misma cantidad de observaciones, pero provenientes de una distribución uniforme con valores mínimos y máximos, entre 1 y 100, respectivamente.

3.3.1.1 Operaciones con vectores

Se pueden aplicar todas las operaciones matemáticas entre vectores que contengan el mismo largo o número de elementos. Acá se muestran *x1* y *x2*

```
> x1 # este es el vector x1
[1] 1.0 4.0 5.0 0.7 3.0
> x2 # este es el vector x2
[1] 10 -4 35 1 3
```

A cada vector creado se le puede aplicar una serie de funciones que son de gran utilidad en estadística. Por ejemplo:

```
> sum(x1) #la sumatoria de todos los elementos de x1
[1] 13.7
> prod(x2) #la productoria de todos los elementos de x2
[1] -4200
> length(x2) #largo del vector x2
[1] 5
> min(x2) #el valor minimo entre todos los elementos de x2
[1] -4
> mean(x1) #la media aritmetica de los elementos de x1
[1] 2.74
```

Nota 3.3 La media aritmética ($\bar{y}$) se define como:

$$\bar{y} = \frac{1}{n} \sum_{i=1}^{n} y_i, \tag{3.5}$$

donde y_i es el valor de la variable aleatoria y para la i-ésima observación, y n es el tamaño muestral o número total de observaciones de una muestra. El mismo resultado de la aplicación de la función `mean()` se puede obtener con:

```
> sum(x1)/length(x1)
[1] 2.74
```

Ejercicio 3.6 La media geométrica (y_g) se define como:

$$y_g = \sqrt[n]{\prod_{i=1}^{n} y_i} = \left(\prod_{i=1}^{n} y_i\right)^{1/n}, \tag{3.6}$$

Calcule y_g para el vector x2.

Ejercicio 3.7 Asumiendo que el vector x1 representa a la variable aleatoria y, calcule la siguiente expresión:

$$\sum_{i=1}^{n} y_i^2 \tag{3.7}$$

y compare su resultado con:

$$\left(\sum_{i=1}^{n} y_i\right)^2 \tag{3.8}$$

Ejercicio 3.8 Calcule la siguiente expresión:

$$\sum_{i=1}^{n} (y_i - \bar{y})^2 \tag{3.9}$$

para el vector x2, donde $\bar{y}$ fue definido en Ec. (3.5).

Así como se pueden realizar operaciones a partir de cada vector, también se pueden efectuar operaciones entre vectores como:

```
> x1+x2 #suma el vector x1 con el x2
[1] 11.0  0.0  40.0  1.7  6.0
> x2/x1 #divide el vector x2 por el vector x1
[1] 10.0000  -1.0000  7.0000  1.4286  1.0000
```

Anteriormente se habían creado los siguientes escalares:

```
> a
[1] 4
> b
[1] 7
```

Sin embargo, si ahora el objeto `b` no es un escalar, sino que un vector, por ejemplo mediante

```
> b <- seq(0,4, by=0.5)
> b
[1] 0.0 0.5 1.0 1.5 2.0 2.5 3.0 3.5 4.0
```

y si se aplica la función de una recta

```
> a + pi*b
[1]  4.0000  5.5708  7.1416  8.7124  10.2832  11.8540
13.4248  14.9956 16.5664
```

se tiene como resultado un vector del mismo largo que el vector `b`.

Ejercicio 3.9 Cree los escalares `alpha`, `beta` y `gamma`, y asígneles los valores: 41,3; 0,04; y 0,23, respectivamente. Luego, cree un vector `x.vec` que contenga una secuencia de números desde 0 hasta 90 cada 0.5. Usando la siguiente función, conocida como el modelo biológico de von Bertalanffy-Richards (von Bertalanffy 1949, Richards 1959)

$$y = \alpha \left(1 - e^{-\beta x}\right)^{1/\gamma}, \tag{3.10}$$

donde: α, β y γ son parámetros representados por los escalares `alpha`, `beta` y `gamma`, respectivamente; y x es una variable (representada con los valores de `x.vec`), proceda a calcular el valor de y para cada valor de x. Almacene su resultado en un vector denominado `y.hat`.

3.3.1.2 Explorando vectores

Se puede seleccionar un elemento (o varios) de cada vector al utilizar paréntesis cuadrados [ ] luego del objeto, como sigue a continuación:

```
> x1[2] #muestra el segundo elemento del vector x1
[1] 4
> x1[3:4] #muestra entre el tercer y cuarto elemento del vector
x1
[1] 5.0 0.7
> x2[c(2,5)] #muestra el segundo y quinto elemento del vector x2
[1] -4 3
> g.x[4] #muestra el cuarto elemento del vector g.x
[1] "A3"
```

3.3.2 Factores

Un factor es una variable categórica, es decir, posee diferentes categorías o niveles. Los factores son similares a los caracteres alfanuméricos, excepto porque ellos pueden tomar un número limitado de valores, de lo cual R mantiene un registro en cada sesión. Se ejemplifica a continuación la creación de un vector de elementos alfanuméricos, y cómo este se puede transformar a un objeto factor.

```
> ciudad <- c("Bogota","Lima","Buenos aires","Santiago")
> ciudad
```

```
[1] "Bogota"    "Lima"    "Buenos aires"    "Santiago"
```

Recuerde que el uso de la función "c" en términos computacionales se usa para concatenar elementos.

Nota 3.4 El tercer elemento del objeto `ciudad` es "Buenos aires", y no "Buenosaires" sin espacio entre las dos palabras o "Buenos aires" con más de un espacio entre ambas palabras. R es sensible a espacios, o mayúsculas, dentro de una definición de un elemento alfanumérico o carácter.

Ahora se revisa el objeto creado.

```
> class(ciudad) # Que es esto?
[1] "character"
> is.character(ciudad) # tiene caracteres tipo texto?
[1] TRUE
> is.factor(ciudad) # Es ciudad un factor?
[1] FALSE
> ciudad <- as.factor(ciudad) #forzar a ser definido como un factor
> is.factor(ciudad) # preguntar nuevamente si ciudad es un factor?
[1] TRUE
```

Box 13 **Reasignar un nivel de un factor.** Los niveles del factor `ciudad` son

```
> levels(ciudad)
"Bogota"    "Buenos aires"    "Lima"    "Santiago"
```

Sin embargo, suponga que se quiere redefinir el nivel "Buenos aires" a "Buenos Aires". Se sabe que este nivel corresponde al segundo elemento del objeto `levels(ciudad)`, y es el que se modifica de la siguiente manera:

```
> levels(ciudad)[2] <- "Buenos Aires"
> levels(ciudad) #y revisar con esto si cambiaron los niveles
[1] "Bogota"    "Buenos Aires"    "Lima"    "Santiago"
```

3.3.3 **Matrices**

Una matriz es un arreglo de más de dos vectores del mismo largo. En R las matrices solo deben contener números. Se crearán a continuación algunas matrices para su posterior utilización. Una opción es crear una matriz a partir de un vector mediante la función `matrix()` especificando las opciones `nrow` (número de filas de la matriz) y `ncol` (número de columnas de la matriz).

```
> matrix(c(1,2,3,4,5,6,0,4,6),nrow=3, ncol=3)

       [,1] [,2] [,3]
  [1,]    1    4    0
  [2,]    2    5    4
  [3,]    3    6    6
```

Otra opción es partir de más de un vector, por ejemplo, utilizando los vectores creados anteriormente `x1` y `x2`, juntarlos como si fueran columnas, mediante el comando `cbind()` de la siguiente manera:

```
> cbind(x1,x2) #dos vectores como columnas

        x1   x2
  [1,]  1.0  10
  [2,]  4.0  -4
  [3,]  5.0  35
  [4,]  0.7   1
  [5,]  3.0   3
```

o bien, colocar un vector junto al otro, pero como si fueran filas contiguas, mediante el comando `rbind()`

```
> rbind(x1,x2) #dos vectores como filas

       [,1] [,2] [,3] [,4] [,5]
  x1      1    4    5  0.7    3
  x2     10   -4   35  1.0    3
```

Finalmente, también es posible asignar matrices a un objeto

```
> x3 <- c(67,45,34,98,0)
> matX <- cbind(x1,x2,x3) #creando una matriz
> matX

      x1   x2   x3
[1,]  1.0  10   67
[2,]  4.0  -4   45
[3,]  5.0  35   34
[4,]  0.7  1    98
[5,]  3.0  3    0
```

Tal como se mostró para los vectores, también se pueden seleccionar elementos dentro de matrices, al utilizar paréntesis cuadrados [].

```
> matX[1,] #muestra la primera fila, todas las columnas
x1 x2 x3
1  10  67
> matX[,2] #muestra la segunda columna, todas las filas
[1] 10 -4 35  1  3
> matX[4,3] #muestra el elemento que esta en la 4ta fila y la 3a
columna x3
98
```

3.3.3.1 Operaciones con matrices

Primero se crearán algunas matrices como:

```
> A <- matrix(c(1,2,3,4,5,6,0,4,6),nrow=3, ncol=3)
> A

     [,1] [,2] [,3]
[1,]    1    4    0
[2,]    2    5    4
[3,]    3    6    6
> B <- matrix(c(7,8,9,10,11,12,0,2,3),nrow=3,ncol=3)
> B
```

```
      [,1] [,2] [,3]
[1,]     7   10    0
[2,]     8   11    2
[3,]     9   12    3
```

```
> C <- matrix(c(0,-1,3,-2,5,7),nrow=3,ncol=2)
> C
```

```
      [,1] [,2]
[1,]     0   -2
[2,]    -1    5
[3,]     3    7
```

Suma. La adición de matrices es posible solo si `A` y `B` son matrices de dimensiones idénticas $n \times m$, donde n es el número de filas y m el número de columnas.

```
> A+B
      [,1] [,2] [,3]
[1,]     8   14    0
[2,]    10   16    6
[3,]    12   18    9
```

Multiplicación. La multiplicación de matrices es posible si las dimensiones de ambas matrices son de dimensión $n \times m$ y $m \times p$.

```
> A%*%C
      [,1] [,2]
[1,]    -4   18
[2,]     7   49
[3,]    12   66
```

Note que el símbolo para la multiplicación de matrices (`%*  %`) es diferente al empleado para vectores o escalares.

Matriz inversa. La inversa de una matriz solo se puede calcular si la matriz tiene dimensión $n \times n$. La inversa se obtiene mediante el uso de la función `solve()`

```
> solve(A)
      [,1] [,2]     [,3]
[1,]   1.0   -4  2.66667
[2,]   0.0    1 -0.66667
[3,]  -0.5    1 -0.50000
```

Diagonal. Los elementos de la diagonal de una matriz se obtienen mediante la función `diag()`.

```
> diag( solve(A) )
[1]   1.0   1.0   -0.5
```

Determinantes. El determinante de una matriz se obtiene mediante la función `det()`, y solo es posible calcularlo para matrices con dimensiones $n \times n$.

```
> det(A)
[1] 6
```

Transpuesta. La transpuesta de una matriz se obtiene mediante la función `t()`.

```
> t(C)
      [,1] [,2] [,3]
[1,]     0   -1    3
[2,]    -2    5    7
```

Ejercicio 3.10 Asuma el vector con observaciones de la variable aleatoria y como el siguiente objeto:

```
> vector.y <- c(20.5, 33, 30, 20.7, 22.5, 18, 17, 24, 29.3, 29)
```

mientras que la matriz X como el siguiente objeto

```
> vector.x <- c(39, 48, 52, 36, 38, 46, 25, 29.9, 54.9, 51.8)
> X <- cbind(rep(1, length(vector.x)), vector.x)
```

Calcule el vector $\widehat{\beta}$ definido como

$$\widehat{\beta} = (\mathbf{X}'\mathbf{X})^{-1}\mathbf{X}'\mathbf{y}, \tag{3.11}$$

donde: **y** es el objeto `vector.y`, mientras que **X** es el objeto `X`.
¿Cuál es la dimensión del vector calculado? Es importante señalar que este cálculo matricial es la base del ajuste de un modelo de regresión lineal (§7).

3.3.4 Listas

Las listas en R son colecciones de otros objetos, como, por ejemplo

```
> mi.lista <- list(c(0,1,2), c(10,20,30,40,50,60))
> mi.lista
[[1]]
[1] 0 1 2

[[2]]
[1] 10 20 30 40 50 60
```

Si se fija bien, el objeto `mi.lista` tiene ahora dos objetos y ambos componentes pueden ser referidos por la nomenclatura de paréntesis cuadrados dobles (*double brackets*), por ejemplo,

```
> mi.lista[[1]] [1] 0 1 2
> mi.lista[[2]]
[1] 10 20 30 40 50 60
```

Una característica particular de las listas en R es que pueden contener distintos tipos de objetos así como de distintos largos, como por ejemplo:

```
> otra.lista <- list(c("o","p","x"), A, 1:4)
> otra.lista
[[1]]
[1] "o" "p" "x"

[[2]]
[,1] [,2] [,3]

[1,]      1    4      0
[2,]      2    5      4
[3,]      3    6      6

[[3]]
[1]  1  2  3  4
```

Así también se pueden asignar nombres a los componentes de una lista

```
> ultima.lista <- list(x=c("o","p","q"), y=A, z=1:4)
```

Ahora se puede requerir cada uno de los componentes de la lista `ultima.lista` mediante $name, por ejemplo,

```
> ultima.lista$x
[1] "o" "p" "q"
> ultima.lista$y

      [,1] [,2] [,3]
[1,]     1    4    0
[2,]     2    5    4
[3,]     3    6    6
> ultima.lista$z
[1] 1 2 3 4
```

3.3.5 Set de datos ("dataframe")

Un set de datos en R (o *dataframe*[15]) es un grupo de variables que tienen la misma cantidad de observaciones, pero pueden ser de distintos tipos (e.g., numéricos, string, lógicos, etc.). Es posible crear un dataframe mediante la función `data.frame()`, por ejemplo,

```
> mi.df <- data.frame(x1,x2,g.x)
> mi.df
   x1   x2  g.x
1 1.0   10   A0
2 4.0   -4   A1
3 5.0   35   A2
4 0.7    1   A3
5 3.0    3   A4
```

Al igual como se mostró para los vectores y matrices, se puede explorar y seleccionar ciertos elementos de un dataframe. Siga los siguientes ejemplos:

```
> mi.df[1,]     #primera fila, todas las columnas
  x1  x2  g.x
1  1   10   A0
> mi.df[,2]    #segunda columna, todas las filas
[1]  10  -4  35  1  3
> mi.df[4,2]   #elemento en la 4ta fila,2a col.
[1]  1
> mi.df[2:4,] #observaciones 2-4 todas las col.
   x1   x2  g.x
2 4.0   -4   A1
3 5.0   35   A2
4 0.7    1   A3
```

A R no solo se le puede consultar qué clase de objeto es `mi.df`, sino que también a diferentes porciones de dicha dataframe, que en sí constituyen otros objetos, tales como:

15 De aquí en adelante solo se ocupará la palabra en inglés dataframe.

```
> class(mi.df) #Que clase de objeto es?
  [1] "data.frame"
> is.data.frame(mi.df) #Es una dataframe?
[1] TRUE
> is.numeric(mi.df[,1]) #Es numerica la primera columna?
[1] TRUE
> is.numeric(mi.df[,3]) #Es numerica la tercera columna?
[1] FALSE
> is.factor(mi.df[,3]) #o es un factor la tercera columna?
[1] FALSE
```

Box 14 **Sobre matrices, listas y dataframe.** Las matrices solo pueden tener números. En cambio un set de datos (*dataframe*) puede tener variables numéricas, de texto, lógicas, etc. Tanto las matrices como las dataframe deben contener vectores de la misma longitud, en cambio, las listas pueden tener componentes de distintos largos.

Ejercicio 3.11 Cree una dataframe denominada `df` que contenga 12 observaciones (i.e., filas) con las siguientes columnas (en el mismo orden):

- id: identificador numérico de cada observación, es decir, un número correlativo entre 1 y 12.
- tmo: letra del abecedario, es decir, a, b... k, l.
- género: letra "F" para femenino y "M" para masculino. Seis observaciones con "F" y seis con "M". Ud. asigne aleatoriamente su distribución entre las observaciones.
- edad: número aleatorio proveniente de una distribución normal con media 44 y varianza 60.
- peso: número aleatorio proveniente de una distribución uniforme con valor máximo de 150 y mínimo de 23.5.

A partir de la dataframe anterior, indique la sintaxis necesaria para:

a. Mostrar las primeras cuatro observaciones de la segunda y cuarta columna.
b. Mostrar todas las filas, para las columnas `peso` y `genero` (en ese orden).
c. Mostrar las filas 10, 9 y 3 para las columnas `tmo` y `edad` (en ese orden).

3.4 Otras funciones útiles

3.4.1 sample()

Esta función selecciona una muestra aleatoria[16] a partir de un set de elementos que representan una población. Por ejemplo,

```
> sample(seq(1:1000),3) #de una poblacion de 1000 elementos, selecciona 3
[1] 168 301 683
```

Fíjese cómo en R fácilmente se combinan en una misma línea dos (y más) funciones, estas son `seq()` dentro de la función `sample()`. Otras aplicaciones de la función `sample()` son:

```
> #lanzar un dados ocho veces
> sample(1:6,8,replace=TRUE)
[1] 4 1 6 3 3 6 1 3

> #lanzar una moneda seis veces
> sample(c("Cara","Sello"),6,replace=TRUE)
[1] "Cara"    "Cara" "Sello" "Cara"       "Sello" "Sello"
```

3.4.2 rep()

Esta función permite repetir un elemento una cantidad de veces. Se considera acá crear un vector donde repita el número 99 siete veces,

```
> rep(99,7)
[1] 99 99 99 99 99 99 99
```

o bien repetir cinco veces un elemento alfanumérico como "hola"

```
> rep("hola",5)
[1] "hola" "hola" "hola" "hola" "hola"
```

y también se puede repetir un vector de más de un elemento, como:

```
> rep(c("COVID","no COVID"),3)
[1] "COVID" "no COVID" "COVID" "no COVID" "COVID" "no COVID"
```

16 Por lo tanto, lo más probable es que Ud. encuentre diferentes elementos en su muestra.

3.4.3 paste()

Esta función permite pegar elementos. Se utilizará con un objeto ya creado y otro nuevo.

```
> ciudad
[1] Bogota  Lima  Buenos Aires  Santiago
Levels:  Bogota  Buenos Aires  Lima  Santiago
> id <- 1:length(ciudad)
> id
[1] 1 2 3 4
```

Ahora se aplicará la función paste() de diferentes formas. Observe con detención las diferencias en cada output, así como identifique cuáles son los cambios en las respectivas sintaxis.

```
> ciudad.id <- paste("Ciudad", id, sep="")
> ciudad.id
[1] "Ciudad1" "Ciudad2" "Ciudad3" "Ciudad4"
> ciudad.id2 <- paste("Ciudad", id, sep=" ")
> ciudad.id2
[1] "Ciudad 1" "Ciudad 2" "Ciudad 3" "Ciudad 4"
> ciudad.id3 <- paste("Ciudad", id, sep="--")
> ciudad.id3
[1] "Ciudad--1" "Ciudad--2" "Ciudad--3" "Ciudad--4"
> obs.id <- paste("Ciudad", id, ".", ciudad, sep="")
> obs.id
[1] "Ciudad1.Bogota" "Ciudad2.Lima" "Ciudad3.Buenos Aires"
[4] "Ciudad4.Santiago"
> obs.id2 <- paste("Ciudad ", id, ".", ciudad, sep="")
> obs.id2
[1] "Ciudad 1.Bogota" "Ciudad 2.Lima" "Ciudad 3.Buenos Aires"
[4] "Ciudad 4.Santiago"
```

Ejercicio 3.12 Escriba en un papel o en un archivo de texto todas las funciones de R que ha aprendido en este capítulo 3, así como también describa brevemente (entre tres a siete palabras) para qué sirven cada una de ellas.

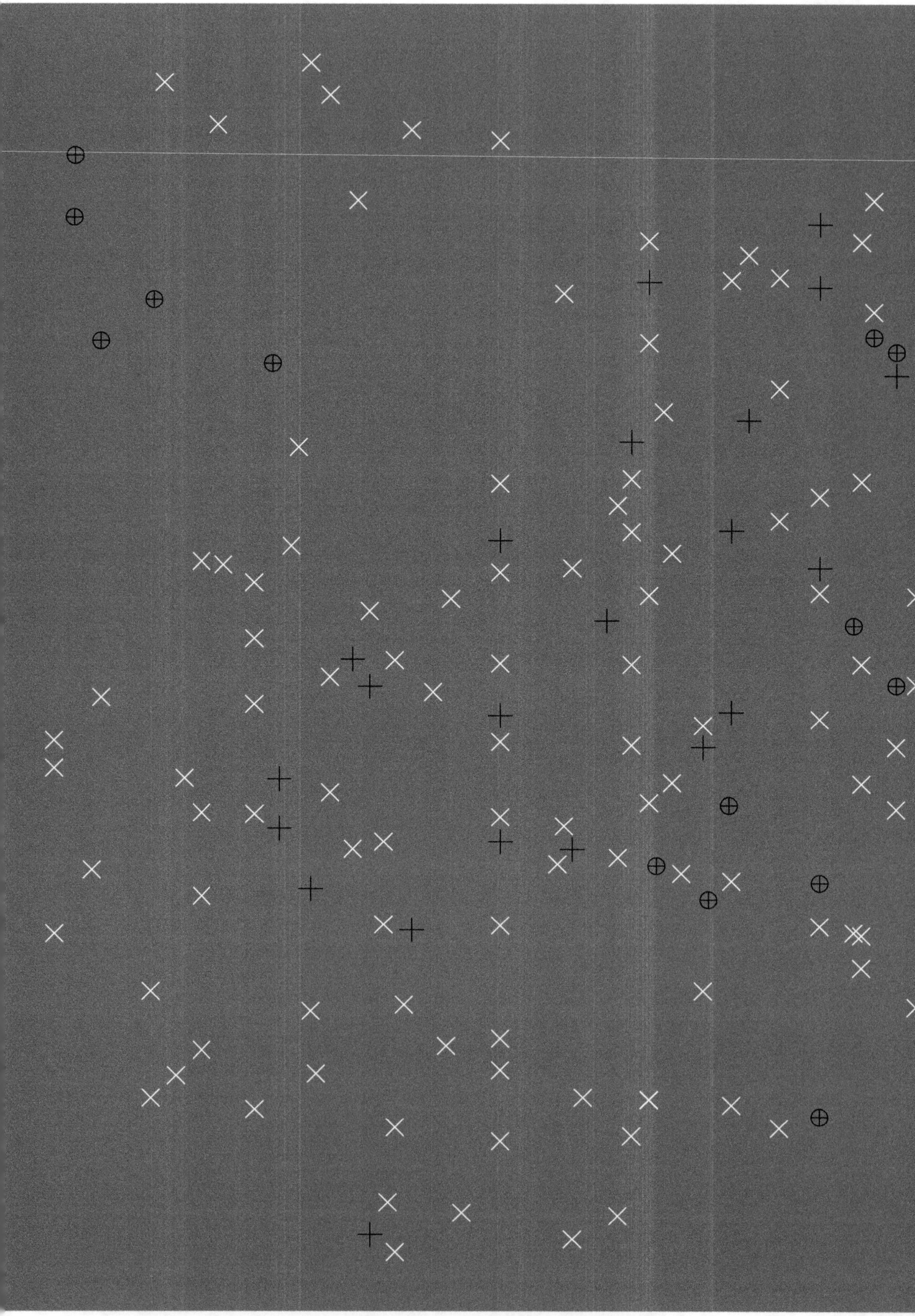

II Explorando datos

4. Cargar y guardar datos

Un usuario almacena sus datos en diferentes formatos computacionales. Dependiendo del programa estadístico que emplee, muchas veces será necesario preparar los datos en un formato distinto al original, ya que dicho programa no puede leer ciertos formatos. Afortunadamente R permite leer (cargar) datos en distintos formatos, facilitando un uso eficiente de estos ya que al no tener que editarlos para convertirlos a otro formato evita cualquier riesgo de cambio o error. En este capítulo se explica cómo cargar datos en R desde los formatos más comunes, así como también alternativas para guardar archivos desde el mismo software.

4.1 ¿Dónde se está trabajando en el computador?

En cualquier trabajo computacional es vital saber en qué carpeta se está trabajando. El directorio de trabajo de la sesión R se obtiene mediante la función `getwd()`. A continuación se muestra lo que la aplicación de dicha función produce en un sistema operativo de Microsoft Windows.

```
> getwd()
"C:/Users/christian/Documents"
```

mientras que en OSX (Macintosch)

```
> getwd()
[1] "/Users/christian"
```

y en Linux

```
> getwd()
[1] "/home/christian"
```

Por otra parte, la función `list.files()` muestra todos los archivos que existen en el directorio de trabajo. Luego de escribir esta función en la consola, revise en detalle lo que entrega su ejecución y así también de la función `dir()`.

Asuma ahora que se crea una carpeta donde se almacena todo lo necesario y realizado dentro del contexto del presente libro, y que Ud. la denominará "rlibro", la que estará en la unidad C del computador (i.e., teniendo la siguiente ruta `c:/rlibro`). Esto se puede realizar mediante la función `setwd()`, pero primero se debe haber creado la carpeta "rlibro", y luego en R se escribe lo siguiente

```
> setwd("c:/rlibro")
```

Box 15 Directorio de trabajo para una sesión. Se puede emplear el directorio de trabajo que se desee al definirlo mediante la función `setwd()`. Lo importante es que independiente de la ruta al directorio de trabajo, de ahora en adelante en la sesión no será necesario especificar la ruta a los archivos de interés, ya que basta con copiarlos a ese directorio para cargarlos a la sesión en caso que fuese necesario.

4.2 Cargando datos

4.2.1 Desde un paquete de R

Los paquetes contienen dataframes y funciones. Existen muchos paquetes disponibles en R. Por ejemplo, el paquete `datana` contiene todos los datos empleados en el presente libro. Este paquete no viene instalado por defecto en R y en caso de ser usado, se debe instalar primero, tal como se explicó en §1.4. Así también, hay paquetes que ya vienen disponibles en R por defecto, por ejemplo, `datasets` (R Core Team 2020). Para revisar la lista de datos disponibles para este paquete en particular, se escribe el siguiente comando:[17]

```
> data(package = "datasets")

Data sets in package 'datasets':
AirPassengers           Monthly Airline Passenger Numbers 1949-1960
BJsales                 Sales Data with Leading Indicator
BJsales.lead (BJsales)  Sales Data with Leading Indicator
BOD                     Biochemical Oxygen Demand
CO2                     Carbon Dioxide Uptake in Grass Plants
ChickWeight             Weight versus age of chicks on different diets
..............
..........
airquality              New York Air Quality Measurements
..............
..........
beaver1 (beavers)       Body Temperature Series of Two Beavers
```

17 solo se ha expuesto una muestra del listado total de datos disponibles debido a su extensión.

```
..............
..........
trees                   Girth, Height and Volume for Black Cherry Trees
uspop                   Populations Recorded by the US Census
volcano                 Topographic Information on Auckland's Maunga
                        Whau Volcano
warpbreaks              The Number of Breaks in Yarn during Weaving
women                   Average Heights and Weights for American Women
```

Desde aquí se seleccionan los datos que sean de su interés. Por ejemplo, podría llamar la dataframe `airquality`, y esta se carga a la sesión de R al tipear

```
> data(airquality)
```

A través de este comando se ha cargado la dataframe `airquality` desde el paquete `datasets`.

> Nota 4.1 Respecto a la sintaxis en R, es importante destacar que solo en el caso que el usuario cometa algún error de tipeo (o de otra índole), el software arrojará un mensaje ("Error" o "Warning") en la consola. En caso contrario ningún mensaje aparecerá en la consola. Esto implica que si no se recibe mensajes luego de ingresar una sintaxis, está todo bien.

Si quiere revisar los detalles disponibles para esta dataframe (e.g., variables, citas, etc.), puede tipear `help()` como a continuación:

```
> help(airquality)

airquality {datasets}       R Documentation

New York Air Quality Measurements

Description:
Daily air quality measurements in New York, May to September
1973.

Usage:
       airquality
```

```
Format:
A data frame with 154 observations on 6 variables.
Details:
Daily readings of the following air quality values for May 1,
1973 (a Tuesday) to September 30, 1973.

Ozone      numeric Ozone (ppb)
Solar.R    numeric Solar R (lang)
Wind       numeric Wind (mph)
Temp       numeric Temperature (degreesF)
Month      numeric Month (1--12)
Day        numeric Day of month (1--31)

Source:
The data were obtained from the New York State Department of
Conservation (ozone data) and the National Weather Service (me-
teorological data).
```

Mediante la función `head()`, es posible visualizar las primeras seis observaciones de la base de datos, por ejemplo,

```
> head(airquality)

  ozone solar wind temp month day
1    41   190  7.4   67     5   1
2    36   118  8.0   72     5   2
3    12   149 12.6   74     5   3
4    18   313 11.5   62     5   4
5    NA    NA 14.3   56     5   5
6    28    NA 14.9   66     5   6
```

Box 16 **Datos provenientes de un paquete a instalar.** Recuerde que en el ejercicio 1.2, se instaló el paquete `datana`, según lo explicado en §1.4. Proceda entonces a llamar al paquete `datana` a la presente sesión de R mediante:

```
> library(datana)
```

Para revisar la lista de datos disponibles para este paquete en particular:

```
> data(package = "datana")
```

Para cargar la dataframe `election` a esta sesión se debe escribir:

```
> data(election)
```

A través de este comando se ha cargado la dataframe `election` desde el paquete `datana`. Ahora se pueden revisar los detalles disponibles para esta dataframe mediante:

```
> help(election)
```

Finalmente, se solicita visualizar las primeras seis observaciones de la dataframe mediante:

```
> head(election)
```

	gore	bush	buchanan
1	47300	34062	262
2	2392	5610	73
3	18850	38637	248
4	3072	5413	65
5	97318	115185	570
6	386518	177279	789

Respecto a un paquete en específico se puede obtener desde el sitio web del paquete un documento que detalla cada dataframe disponible.

4.2.2 Desde un archivo con valores separados con coma

Los archivos con valores separados con coma (con extensión "csv"), del inglés *Comma separated values*, son los preferidos debido a su simpleza y, además, porque pueden ser creados en software para planillas de hojas de cálculo (e.g., MS. Excel, OpenOffice SpreadSheet[18], Gnumeric[19]), teniendo la característica de estar disponible para ser leídos en ese tipo de software, pero aun siendo más livianos.

Descargue el archivo `ufcData.csv` desde el sitio web del libro y guárdelo en `C:/libror`. Para revisar este archivo y ver cómo es realmente, emplee cualquier editor de texto (e.g., Notepad o Wordpad en Windows, Gedit en Linux, o TextEdit en Mac) para abrirlo y observará algo como lo que se muestra en la figura 4.1. Es importante no ocupar un software tipo planillas electrónicas para estos fines, ya que al cerrarlo puede modificar la estructura original del archivo.

```
ufcData.csv: Bloc de notas
Archivo  Edición  Formato  Ver  Ayuda
Plot,Tree,Species,Dbh,Height
2,1,DF,390,205
2,2,WL,480,330
3,2,GF,520,300
3,5,WC,360,207
3,8,WC,380,225
4,1,WC,460,180
4,2,DF,250,170
4,9,WP,299,240
5,2,DF,549,293
5,4,GF,518,290
5,6,WP,155,140
```

Figura 4.1: *Revisando un archivo de valores separados por coma o de extensión "csv" (archivo:* `ufcData.csv`*) mediante un editor de texto. No use software tipo planillas de cálculo para visualizar estos archivos.*

La figura 4.1 es un ejemplo de una porción de los datos y su estructura. Note que un archivo de datos no contiene ni colores de celdas, ni negritas, y que la primera fila en este archivo contiene el nombre de columnas, y recién en la segunda fila aparecen los datos.

Para cargar un archivo .csv se utiliza la función `read.csv()` como se muestra a continuación:

```
> ufc.data <- read.csv("ufcData.csv", header = T)
```

El nombre del archivo de datos a cargar se pone entre comillas y con la opción `header = T` se indica a R que el archivo contiene el nombre de cada columna. Note que se ha asignado dicho archivo a una dataframe que se ha llamado `ufc.data`. Para revisar esta dataframe se puede proceder con

18 `www.openoffice.org`

19 `www.gnumeric.org`

```
> head(ufc.data)

  Plot Tree Species Dbh Height
1    2    1      DF 390    205
2    2    2      WL 480    330
3    3    2      GF 520    300
4    3    5      WC 360    207
5    3    8      WC 380    225
6    4    1      WC 460    180
```

Nota 4.2 *¿Por qué usar* `head()` *y no simplemente el nombre de la dataframe?* Si solo se escribe el nombre de la dataframe, eso producirá que R muestre todos los elementos que tiene la dataframe, lo cual puede ser mucha información para visualizar en una pantalla. Compare el output de las siguientes dos líneas para identificar la diferencia

```
> head(ufc.data)
> ufc.data
```

En el caso que el archivo contenga punto y coma (;) para definir la separación entre columnas, se debe emplear la función `read.csv2()` en vez de `read.csv()`.

Box 17 **Ruta a un archivo.** Note que en el ejemplo anterior, no fue necesario especificar la ruta al archivo que se está leyendo, ya que el directorio de trabajo para R se definió anteriormente (§4.1) mediante el comando `setwd()`. Sin embargo, también se puede leer un archivo desde otro directorio. Por ejemplo, en caso que el archivo del ejemplo anterior, `ufcData.csv`, se encuentre en la carpeta `datos`, la cual a su vez esté dentro del directorio `cursoR` en la unidad extraíble `E`. cargue ese archivo de datos en esa ruta específica de directorios se realiza mediante

```
> otra.df <- read.csv("E:/cursoR/datos/ufcData.csv", header = T)
```

4.2.3 Desde un archivo ASCII

Los datos en formato ASCII[20] (generalmente guardados con extensión .dat o .txt), los emplean los usuarios avanzados para el procesamiento computacional o bien cuando se trabaja con grandes bases de datos. Por ejemplo, descargue el archivo `eucaLeaf.dat` desde el sitio web del libro y guárdelo en `C:/libror`. Si abre este archivo con un editor de texto, verá algo como lo que se muestra en la figura 4.2. Este archivo contiene los datos y además una descripción (i.e., texto) en sus primeras 11 líneas.

eucaLeaf.dat: Bloc de notas

Archivo Edición Formato Ver Ayuda

```
File: eucaLeaf.dat                                   Spring 2009
Leaf measurements from Steve Candy, used in his Ph. D. thesis
A portion of these data was later used by:
- Gregoire, TG., and Salas, C. 2009. Ratio estimation with measurement
     error in the auxiliary variate. Biometrics 65(2):590-598

Number of data records = 744            First line of data = 12

Time        Tree Shoot       Length  Width    Leaf_area
                             ( mm )  ( mm ) ( cm^2 )
===============================================================
EARLY          11    SC        125       32   28.8     30.05010915
EARLY          11    SC        300       50  106.7     103.8869596
EARLY          11    SC        300       43   86.5     88.70501304
EARLY          11    SC        225       35   61.4     55.46165472
EARLY          11    SC        228       37   68.2     59.47734631
```

Figura 4.2: *Revisando un archivo ASCII (archivo:* `eucaLeaf.dat`*) mediante un editor de texto.*

Este quizá sea un formato extraño para usuarios que solo almacenan datos en planillas (e.g., MS. Excel), sin embargo, permite dos características importantes: (a) en el mismo archivo el usuario puede describir algunas generalidades sobre de qué se tratan estos datos, y (b) es un archivo mucho más liviano que usar MS. Excel.

Para cargar un archivo de datos en formato ASCII en R, se usa la función `read.table()` como se muestra a continuación:

```
> euca.data <- read.table(file="eucaLeaf.dat", header = F, skip=11,
col.names=c("time","tree","shoot","l","w","la","ignore"))
```

---

20 Del inglés *American Standard Code for Information Interchange*. Es un código para el intercambio de información computacional. Es importante destacar que los computadores solo leen números y el código ASCII es una representación numérica de un carácter como 'a' o '@'.

No es necesario especificar la opción `file`[21], pero en caso contrario, se debe indicar el nombre del archivo entre comillas. Al definir la opción `header = F` se le instruye a R que el archivo no tiene el nombre de las columnas. Con la opción `skip = 11` se indica que los datos comienzan después de las primeras 11 líneas del archivo, y la opción `col.names` establece el nombre de cada variable de los datos. Note que se ha almacenado los datos en una dataframe que se ha llamado `euca.data`.

Para revisar este set de datos en R, se usará una nueva función: `tail()`, la cual solo muestra las últimas seis observaciones de la dataframe, a diferencia de `head()` que, por el contrario, muestra las seis primeras.

```
> tail(euca.data)
    time    tree  shoot l   w  la  ignore
739 LATE      3      TR 230 33 58.0 53.168
740 LATE      3      TR 281 40 77.1 77.618
741 LATE      3      TR 285 33 64.6 64.249
742 LATE      3      TR 255 27 47.4 47.198
743 LATE      3      TR 320 39 86.4 84.777
744 LATE      3      TR 285 33 69.9 64.249
```

4.2.4 Desde un archivo ASCII tipo Fortran

Otro ejemplo sobre cómo abrir un archivo tipo ASCII es especificando los anchos de las columnas, formato empleado para datos leídos o generados en el lenguaje de programación FORTRAN. El archivo `bearsFull.dat` contiene variables de tamaño para una muestra de osos en Norteamérica, y al revisarlo mediante un editor de texto, se observa lo que muestra la figura 4.3. Se cargan los datos empleando la función `read.fwf()` donde las opciones diferentes a las que se usaron con la función `read.table()` son: `na.string` la que especifica cuál es el string que determina un dato vacío o "NA", y `strip.white` que especifica si se cuenta, o no, con un espacio en blanco entre columnas (en este caso sí).

```
> bw0 <- read.fwf("bearsFull.dat", skip=20,
col.names=c("id", "edad", "mes", "sexo", "cabezaL", "cabezaA",
          "cuellop", "largo", "pechop", "peso", "obs", "name"),
widths=c(9, 7, 8, 8, 8, 8, 8, 8, 8, 8, 8, 10),
strip.white=T, na.string = "")
```

21 Cuando se usó la función `read.csv()`, no se definió la opción `file`.

```
bearsFull.dat: Bloc de notas
Archivo  Edición  Formato  Ver  Ayuda
Bears.full.dat       See MTBWIN Data directory for documentation

143 observations, with some missing values
First data record = 21
                                    Columns
ID = identification number            1-9
Age = age in months                  14-16
Month = month of measurement         23-24
Sex =: 1 = male, 2 = female             32
Head L = length of head (inches)     37-40
Head W = width of head (inches)      46-48
NeckG = girth of neck (inches)       53-56
Length = body length (inches)        61-64
ChestG = girth of chest (inches)     69-72
Weight = body weight (pounds)        78-80
Obs = obs number for bear               88
Name = name given to bear            93-98

      ID      Age    Month    Sex   Head.L  Head.W  Neck.G  Length  Chest.G Weight  Obs.No  Name
******************************************************************************************************
      39      19       7       1      10       5      15      45      23      65       1    Allen
      41      19       7       2      11     6.5      20    47.5      24      70       1    Berta
      41      20       8       2      12       6      17      57      27      74       2    Berta
      41      23      11       2    12.5       5    20.5    59.5      38     142       3    Berta
      41      29       5       2      12       6      18      62      31     121       4    Berta
      43      19       7       1      11     5.5      16      53      26      80       1    Clyde
      43      20       8       1      12     5.5      17      56    30.5     108       2    Clyde
      45      55       7       1    16.5       9      28    67.5      45     344       1    Doc
      45      67       7       1    16.5       9      27      78      49     371       2    Doc
```

Figura 4.3: *Revisión de un archivo ASCII delimitado por espacios (archivo:* `bearsFull.dat`*), mediante un editor de texto.*

Note que en el objeto `bw0` se ha almacenado en el archivo `bearsFull.dat`, y se puede revisar mediante:

```
> head(bw0)
```

	id	edad	mes	sexo	cabezaL	cabezaA	cuellop	largo	pechop	peso	obs	name
1	39	19	7	1	10.0	5.0	15.0	45.0	23	65	1	Allen
2	41	19	7	2	11.0	6.5	20.0	47.5	24	70	1	Berta
3	41	20	8	2	12.0	6.0	17.0	57.0	27	74	2	Berta
4	41	23	11	2	12.5	5.0	20.5	59.5	38	142	3	Berta
5	41	29	5	2	12.0	6.0	18.0	62.0	31	121	4	Berta
6	43	19	7	1	11.0	5.5	16.0	53.0	26	80	1	Clyde

4.2.5 Desde un archivo dBbase (.dbf)

El formato .dbf se suele asociar con la propiedad de archivos de base de datos para el programa manejador de base de datos "dBase"[22], sin embargo, debido a sus buenas características se emplea como un formato estándar en varios otros

22 Un programa en DOS que luego fue adquirido por la empresa informática Borland y tiene un formato binario plano de archivos.

programas. Por ejemplo, en ArcGis[23], la tabla de datos de una cubierta se almacena en formato .dbf. Para cargar un archivo dbf a R se necesita de la función `read.dbf()`, para lo cual se debe primero instalar el paquete `foreign`. Una vez que se ha instalado la librería, lo cual se realiza mediante

```
> install.packages("foreign")
```

tal como se explicó en §1.4. Luego, se debe cargar este paquete a la sesión mediante

```
> library(foreign)
```

Como ejemplo, se cargará el archivo `snaspe09.dbf` que contiene información de las áreas silvestres protegidas por el Estado de Chile (SNASPE) en la Novena Región.

```
> snaspe.dbf <- read.dbf('snaspe09.dbf')

> head(snaspe.dbf)
```

	CAPTION	AREA	PERIMETER	HECTARES
1	Herquehue	118142180	49692	11814
2	Parque Nacional Conguillo	621338732	110002	62134
3	Reserva Nacional China Muerta	121467905	49579	12147
4	Reserva Nacional Nalcas	312660543	77141	31266
5	Reserva Nacional Malalcahuello	167554383	55839	16755
6	Reserva Nacional Villarrica	199860156	98837	19986

4.2.6 Desde un archivo en internet

Es posible cargar un archivo directamente desde internet, para lo cual se debe conocer el url del archivo, y su formato. Por ejemplo, suponga que se necesita leer un archivo de formato .csv desde un sitio web, primero se baja el archivo desde internet con la función `url()` y luego se lee dicho archivo mediante la función `read.csv()` tal como se explicó en §4.2.3. Todo esto se implementa al combinar dichas funciones directamente en una misma línea de comando, por ejemplo,

23 Un software de sistemas de información geográfica distribuido por la empresa ESRI, mayores detalles en `www.arcgis.com`

```
> mi.dfInternet <-read.csv(url("http://www.eljatib.com/libroR/fertiliza.csv"))
> mi.dfInternet
        plot     treat       volume
1       1       A0      12.2
2       2       A0      11.4
3       3       A0      12.4
4       1       A1      16.0
5       2       A1      15.5
6       3       A1      16.5
7       1       A2      18.6
8       2       A2      20.2
9       3       A2      18.2
10      1       A3      17.6
11      2       A3      19.3
12      3       A3      17.1
13      1       A4      18.0
14      2       A4      16.4
15      3       A4      16.4
```

4.2.7 Desde un archivo .xls

Cargar datos de archivos creados en MS. Excel a R no es tan simple, sin embargo, se puede hacer. De todas maneras, se recomienda no usar MS. Excel para guardar datos. Un archivo Excel (extensión .xls) no es solamente una planilla de cálculo, sino que muchas veces contiene varias hojas, y estas pueden contener fórmulas, colores, macros, etc.

En caso de tener una base de datos en un archivo MS. Excel, se recomienda exportar la hoja (o más de una, pero solo una a la vez) del archivo `.xls` como un archivo `.csv`, entonces ese archivo puede ser cargado a R usando la función `read.csv()` ya explicada en §4.2.2. Ahora bien, si de todas maneras a Ud. le interesa leer un archivo, o mejor dicho, una hoja particular de un archivo MS. Excel en R debe emplear algunas funciones que son parte de otros paquetes.

Asuma que se debe leer un archivo `.xls` que tiene tres hojas (`fvsSim.xls`). Sin embargo, solo la segunda hoja de este archivo es de interés. Para hacer esto, debe proceder como se explica a continuación, dependiendo del sistema operativo que el usuario tenga. Si se es usuario de MS. Windows, se deberá instalar el paquete `readxl`, pero en Linux se deberá instalar el paquete `gdata` o el paquete `gregmisc`.

En un sistema operativo Windows

```
> library(readxl)
> mis.datosXls <- readxl_example("fvsSim.xls",sheet = 2)
```

En un sistema operativo Linux (o Mac)

```
> library(gdata)
> #library(gregmisc) #tambien se puede usar este paquete

> mis.datosXls <- read.xls("fvsSim.xls",sheet=2)
```

Nótese que se han almacenado los datos en una dataframe llamada `mis.datosXls`. Se indica a continuación que se muestre las primeras 4 filas y las primeras 10 columnas de la dataframe.

```
> mis.datosXls[1:4,1:10]
```

	Id	CaseID	StandID	Year	Age	Tpa	BA	SDI	CCF	TopHt
1	1	1	ControlTrad	2000	0	0	0	0	0	0
2	2	1	ControlTrad	2005	5	500	0	0	0	3
3	3	1	ControlTrad	2010	10	439	0	1	1	7
4	4	1	ControlTrad	2020	20	353	5	19	12	24

Box 18 **¿Alguna otra opción para leer datos de MS. Excel?** Se recomienda no usar MS. Excel para almacenar y manejar datos, pero en caso que un usuario obligatoriamente tuviera que leer datos de archivos tipo .xls en R, existen opciones, como, por ejemplo,

(i) Pegado en el portapapeles. En el archivo MS. Excel seleccionar el nombre de las variables y datos (no seleccionar ninguna columna o fila extra en blanco) y seleccionar copiar desde el menú de edición. En R se puede crear una dataframe llamada `otros.datos` al tipear los siguientes comandos:

```
> otros.datos <- read.delim("clipboard")
> otros.datos
```

(ii) R Commander

Si un usuario prefiere cliquear opciones puede emplear el paquete "*R commander*" que tiene una opción en el menú para importar archivos MS. Excel. Luego que se instale el paquete, se ejecuta con `library(Rcmdr)`, y luego se busca en el menú "*Data-Import Data-item*". Nótese que al momento de instalar `Rcmdr` se deberá instalar también una serie de otros paquetes.

4.3 Guardando datos

Para ilustrar ejemplos de cómo guardar (escribir) datos a un archivo, se usará la siguiente dataframe, que se creó anteriormente en §3.3.5,

```
> mi.df
    x1   x2  g.x
1  1.0   10   A0
2  4.0   -4   A1
3  5.0   35   A2
4  0.7    1   A3
5  3.0    3   A4
```

4.3.1 Como un archivo con valores separados con coma

Este es el formato que se aconseja emplear, pues permite leerlo en cualquier editor de planillas electrónicas conocidas. Para guardar una dataframe como un archivo csv se debe emplear la función `write.csv()` como se muestra a continuación:

```
> write.csv(mi.df, file = "miPrimerCsvR.csv")
```

el archivo `miPrimerCsvR.csv` ha sido guardado en la misma carpeta donde se está trabajando, y al abrirlo se ve como en la Figura 4.4a. No obstante, se puede especificar la opción `row.names()` en la función `write.csv()`, como sigue

```
> write.csv(mi.df, file = "miSegundoCsvR.csv", row.names=FALSE)
```

obteniendo el archivo `miSegundoCsvR.csv` el cual se observa en la Figura 4.4b.

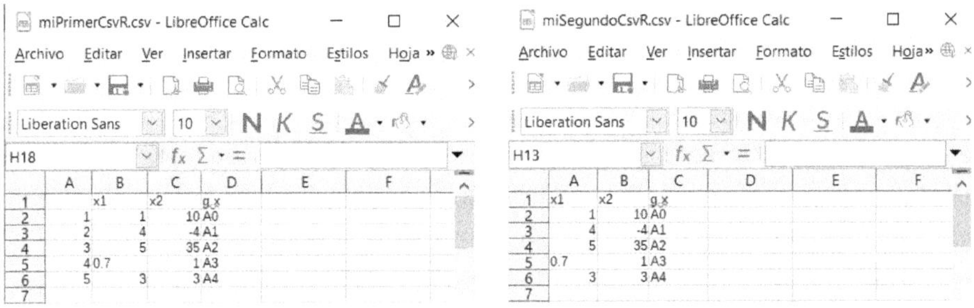

(a) (b)

Figura 4.4: *Visualización de un archivo .csv (creado en R) en un software de planilla electrónicas tipo MS. Excel (en este caso usando el software libre "LibreOffice Calc"), al emplear la función* `write.csv()` *(a), y con la especificación de la opción* `row.names=FALSE` *de la misma función (b). ¿Son diferentes?, ¿En qué?.*

4.3.2 Como un archivo ASCII

```
> write.table(mi.df, file = "miPrimerDatR.dat", quote = FALSE,
row.names = FALSE)
```

```
> write.table(mi.df, file = "miSegundoDatR.dat", quote = FALSE,
             row.names = FALSE, col.names = FALSE)
```

Note las diferencias entre estos dos archivos creados en la Figura 4.5.

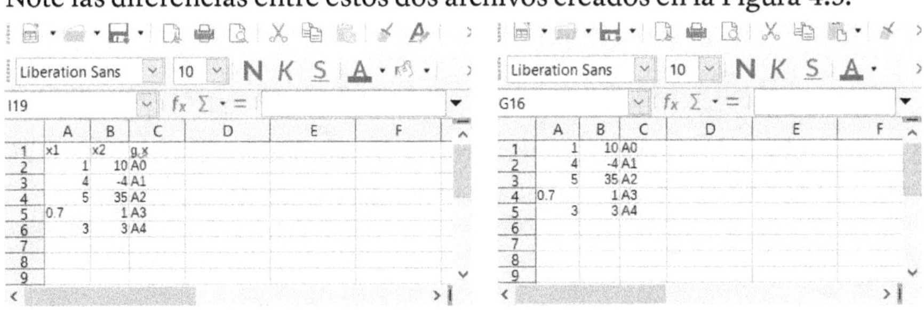

(a) (b)

Figura 4.5: *Visualizacion de un archivo .dat (creado en R) en una planilla electrónica tipo MS. Excel (en este caso con el software LibreOffice Calc). Al emplear la función* `write.table()`*, definiendo diferentes opciones. por ejemplo en (a) la opción* `col.names` *es igual a TRUE y en (b) igual a FALSE. ¿Son diferentes?, ¿en qué?*

5.1 Cargando un set de datos

Se empleará la dataframe `ChickWeight` de la librería `datasets`, la cual viene instalada por defecto en R. Estos datos provienen de mediciones de la variable peso en pollos medidos desde su nacimiento cada dos días hasta el día 20. Los pollos fueron asignados a cuatro diferentes tratamientos de dietas proteicas.

Este set de datos tiene las siguientes variables:

- Weight: peso del pollo en gramos;
- Time: número de días desde el nacimiento;
- Chick: un identificador único del pollo;
- Diet: un factor con cuatro niveles, que indican el tipo de dieta experimental que recibía cada pollo.

Se cargará la dataframe `ChickWeight` a la presente sesión, tal como se realizó en §4.2.1, mediante:

```
> data(ChickWeight)
```

luego, la data frame `ChickWeigth` estará disponible para ser usada.

> Nota 5.1 En caso que se deba trabajar con un set de datos proveniente de un archivo, lo más probable, es proceder como en §4.2.2 o 4.2.3. El resto de los que se explican funcionan para cualquier dataframe.

Solo por simplificar la sintaxis y evitar errores, crearemos una dataframe denominada `db`, la cual sera idéntica a la dataframe `ChickWeight`,

```
> db <- ChickWeight
```

Ahora revisamos las dimensiones de la dataframe, y el nombre de las variables, usando las funciones `dim()` y `names()`, respectivamente.

```
> dim(db) #dimensiones (numero de filas, numero de columnas)
  [1] 578  4
> names(db) #nombre de las variables
[1] "weight" "Time"  "Chick"      "Diet"
```

El set de datos tiene 578 filas (observaciones) y 4 columnas (variables). Ahora, se revisan las primeras[24] seis observaciones de los datos usando la función `head()`:

```
> head(db)
Grouped Data: weight ~ Time | Chick
   weight Time Chick Diet
1      42    0     1    1
2      51    2     1    1
3      59    4     1    1
4      64    6     1    1
5      76    8     1    1
6      93   10     1    1
```

El mensaje "`Grouped Data: weight  Time | Chick`" aparece solo como referencia, para indicar que fue creada mediante funciones específicas de otro paquete de R, `nlme` de Pinheiro & Bates (2000).

También se pueden ver los datos entre algunas filas específicas, e.g., entre las filas 100 y 103.

```
> db[100:103, ]
Grouped Data: weight ~ Time | Chick
        weight       Time     Chick       Diet
100         85          8         9          1
101         96         10         9          1
102         90         12         9          1
103         92         14         9          1
```

y si se quiere solo algunas columnas[25], por ejemplo, "Chick" y "Weight" para la misma porción de filas.

```
> db[100:103, c("Chick","weight")]
           Chick   weight
    100        9       85
    101        9       96
    102        9       90
    103        9       92
```

24 Se puede solicitar las últimas seis observaciones usando `tail()`.

25 Esto es muy útil cuando se tienen sets de datos con una gran cantidad de columnas.

Cambiando el nombre de las variables (columnas)

La dataframe `db` tiene variables escritas en inglés. A continuación se le cambiarán a castellano.

```
> names(db) #ver el nombre de las variables
[1] "weight" "Time" "Chick" "Diet"
> # y ahora cambiar sus nombres
> names(db) <- c("peso","tiempo","pollo","dieta")
> head(db) #revisar que todo luce como se debe
         peso  tiempo  pollo  dieta
      1    42       0      1      1
      2    51       2      1      1
      3    59       4      1      1
      4    64       6      1      1
      5    76       8      1      1
      6    93      10      1      1
```

Revisando y reordenando la estructura de la dataframe

La función `class()` informa sobre la clase de un objeto y permite verificar que las variables sean lo que el usuario necesita.

```
> class(db$peso)
[1] "numeric"
> class(db$tiempo)
[1] "numeric"
> class(db$pollo)
[1] "ordered" "factor"
> class(db$dieta)
[1] "factor"
```

Se reasignará la variable `tiempo` para que sea considerada como una variable continua y no como un factor, para lo cual se usará la función `as.numeric()`,

```
> db$tiempo.fac <- db$tiempo
> db$tiempo <- as.numeric(db$tiempo)
> class(db$tiempo)
[1] "numeric"
```

Además, se creará una nueva columna para dieta como factor:

```
> db$dieta.fac <- db$dieta
> db$dieta.fac <- as.factor(paste("Dieta", db$dieta.fac, sep=" "))
> class(db$dieta.fac)
[1] "factor"
> levels(db$dieta.fac)
[1] "Dieta 1" "Dieta 2" "Dieta 3" "Dieta 4"
```

De esta forma se ha generado una columna que mezcla texto ("Dieta") con el número asignado al tratamiento dieta. Finalmente, se define un identificador único para cada pollo dentro de la dataframe.

```
> db$pollo.id <- db$pollo
> db$pollo.id <- as.factor(paste(db$pollo, db$dieta, sep="-"))
> class(db$pollo.id)
[1] "factor"
> levels(db$pollo.id)
 [1] "1-1"  "10-1" "11-1" "12-1" "13-1" "14-1" "15-1" "16-1" "17-1" "18-1"
[11] "19-1" "2-1"  "20-1" "21-2" "22-2" "23-2" "24-2" "25-2" "26-2" "27-2"
[21] "28-2" "29-2" "3-1"  "30-2" "31-3" "32-3" "33-3" "34-3" "35-3" "36-3"
[31] "37-3" "38-3" "39-3" "4-1"  "40-3" "41-4" "42-4" "43-4" "44-4" "45-4"
[41] "46-4" "47-4" "48-4" "49-4" "5-1"  "50-4" "6-1"  "7-1"  "8-1"  "9-1"
```

La columna `pollo.id` contiene a 50 pollos únicos.

5.2 Creando variables

En todo análisis de datos uno se ve enfrentado a crear variables a partir de las que existen en la base de datos. Estas nuevas variables pueden ser transformaciones de otras, o calcularlas a partir de varias variables. Una transformación de mucho uso en ingeniería y ecología, debido a que permite linealizar relaciones entre variables es la logarítmica. En R se calcula el logaritmo natural mediante la función `log()` (Cuadro 2.1). Aquí se calcula ln para `peso` y `tiempo`,

```
> db$ln.w <- log(db$peso)
> db$ln.t <- log(db$tiempo+0.0001)
```

Para calcular ln t, se agregó una constante de 0.0001 al tiempo, para evitar la indefinición del ln 0.

El símbolo $ después del nombre de la dataframe, le indica a R que se requiere crear una nueva variable que va a ser parte de la dataframe db, por lo tanto, sera una nueva columna.

Nota 5.2 En caso que un usuario prefiera evitar escribir el nombre de la dataframe cada vez que esté trabajando con alguna variable, puede usar la función attach (ver Apéndice B).

Ahora se revisan los datos luego de haber realizado algunos cambios.

```
> head(db)
  peso  tiempo pollo dieta tiempo.fac dieta.fac pollo.id    ln.w    ln.t
1   42       0     1     1          0   Dieta 1      1-1  3.7377 -9.2103
2   51       2     1     1          2   Dieta 1      1-1  3.9318  0.6932
3   59       4     1     1          4   Dieta 1      1-1  4.0775  1.3863
4   64       6     1     1          6   Dieta 1      1-1  4.1589  1.7918
5   76       8     1     1          8   Dieta 1      1-1  4.3307  2.0795
6   93      10     1     1         10   Dieta 1      1-1  4.5326  2.3026
```

Seleccionando variables
Por ejemplo, si se desea seleccionar solo un grupo de variables de todas las que ya existen en la dataframe db

```
> db <- db[,c("pollo.id","dieta","dieta.fac","tiempo","peso","ln.w","ln.t")]
```

Se ha seleccionado un grupo de variables de una dataframe y se ha guardado como una nueva dataframe, pero con el mismo nombre. Recuerde que R empleará la última definición de un objeto, entonces la dataframe db tendrá solamente 7 columnas y no 9 como antes.

Guardando una dataframe a un archivo
Se ha modificado la dataframe db y quizás es de interés guardar esta nueva dataframe en la carpeta de trabajo (c:/rlibro). Para ello, se procede como en §4.3.1, es decir,

```
> write.csv(db, "pollos.csv")
```

Con esto se ha guardado la dataframe `db` como un archivo llamado `pollos.csv` en el directorio especificado.

5.3 Seleccionar una porción de una dataframe (filtros)

En algunas ocasiones, se requiere trabajar con una selección de los datos originales. Por ejemplo, en `db` existen observaciones de variables medidas en pollos sometidos a diferentes dietas, sin embargo, solo se podría trabajar con una o un grupo de ellas.

Subdivisión a partir de una variable continua

Se puede subdividir una dataframe con aquellas observaciones que posean un peso mayor a 314 gramos, son:

```
> subset(db, peso > 314)

      pollo.id  dieta   dieta.fac  tiempo  peso       ln.w     ln.t
231       21-2      2     Dieta 2      20   318     5.7621   2.9957
232       21-2      2     Dieta 2      21   331     5.8021   3.0445
387       34-3      3     Dieta 3      20   327     5.7900   2.9957
388       34-3      3     Dieta 3      21   341     5.8319   3.0445
398       35-3      3     Dieta 3      18   332     5.8051   2.8904
399       35-3      3     Dieta 3      20   361     5.8889   2.9957
400       35-3      3     Dieta 3      21   373     5.9216   3.0445
460       40-3      3     Dieta 3      21   321     5.7714   3.0445
554       48-4      4     Dieta 4      21   322     5.7746   3.0445
```

Luego de aplicado el filtro, o condición, solo tenemos 9 observaciones con esta característica. El número respectivo de la posición de las filas en la dataframe con un peso mayor a 314 son

```
[1] 231 232 387 388 398 399 400 460 554
```

Subdivisión a partir de una variable categórica

Supongamos que es de interés seleccionar las observaciones realizadas en el pollo número 16 sometido a la dieta 1. La columna de interés en nuestra dataframe es "pollo.id", la cual es una variable factor (i.e., teniendo niveles o categorías).

Para verificar qué clase de variable es una columna en R, puede consultar con la función `class()`,

```
> class(db$pollo.id) #que clase de variables es esta columna?
[1] "factor"
```

Dado que se sabe el tipo de variable que es, se procede a seleccionar las filas donde la columna `pollo.id` sea "16-1", usando la función `subset()`:

```
db.pollo16 <- subset(db,pollo.id=="16-1")
db.pollo16
```

	pollo.id	dieta	dieta.fac	tiempo	peso	ln.w	ln.t
176	16-1	1	Dieta 1	0	41	3.7136	-9.2103
177	16-1	1	Dieta 1	2	45	3.8067	0.6932
178	16-1	1	Dieta 1	4	49	3.8918	1.3863
179	16-1	1	Dieta 1	6	51	3.9318	1.7918
180	16-1	1	Dieta 1	8	57	4.0431	2.0795
181	16-1	1	Dieta 1	10	51	3.9318	2.3026
182	16-1	1	Dieta 1	12	54	3.9890	2.4849

Aquí se ha creado la dataframe `db.pollo16`, la cual es un subconjunto de la dataframe `db` con observaciones, donde la columna `"pollo.id"` tendría el texto[26] "16-1". Note que la condicional EQUAL TO ("igual a") se obtiene en R usando el símbolo "==". Se puede ahora verificar si la nueva dataframe para el `pollo.id` "16-1" tiene el mismo número de columnas que las de `db`

```
> ncol(db) #num. columnas de la dataframe original
[1] 7
> ncol(db.pollo16) #num. columnas de la dataframe solo con pollo 16 en dieta 1
[1] 7
```

y se tiene un número menor de filas en `db.pollo16` que en `db`,

```
> nrow(db) #numero de filas de la dataframe original
[1] 578
> nrow(db.pollo16) #numero de filas de la dataframe solo con pollo 16 en dieta 1
[1] 7
```

26 Por esta razón se usa "16-1" y no 16-1.

Subdivisión a partir de más de una característica

Se podría agregar una nueva condicional como, por ejemplo, subdividir la base de datos original y dejar solo aquellas observaciones con un peso mayor a 314 gramos y de pollos sometidos a la dieta 2 (i.e., nivel "2" de la variable "dieta"), como sigue:

```
> subset(db, peso > 314 & dieta=="2")

                pollo.id  dieta  dieta.fac   tiempo   peso
ln.w            ln.t
231             21-2      2   Dieta 2      20    318  5.7621  2.9957
232             21-2      2   Dieta 2      21    331  5.8021  3.0445
```

Note que la condicional AND ("y") se especifica en R usando el símbolo &. Luego de aplicado este nuevo filtro, solo se tiene 2 observaciones con estas características.

5.4 Estadística descriptiva

Un resumen descriptivo de una o más variables se puede obtener con la función `summary()`, como en el siguiente ejemplo:

```
> summary(db$peso)

  Min. 1st Qu.  Median     Mean 3rd Qu.       Max.
  35      63     103       122     164        373
```

Las estadísticas que entrega la función `summary()` son el mínimo (`Min.`), el primer cuartil[27] (`1st Qu.`), la mediana (`Median`), el tercer cuartil (`Mean 3rd Qu.`), y el máximo (`Max.`)

También es posible solicitar este resumen descriptivo para más de una variable a la vez como, por ejemplo

27 Los cuartiles son estadísticas de posición que dividen una distribución en cuatro partes iguales, o con la misma cantidad de datos.

```
> summary(db[,c("tiempo","peso")])
tiempo        peso
Min.   : 0.0          Min.   : 35
1st Qu.: 4.0          1st Qu.: 63
Median :10.0  Median :103
   Mean :10.7         Mean :122
   3rd Qu.:16.0       3rd Qu.:164
   Max. :21.0         Max. :373
```

La desviación estándar no aparece por defecto como salida de la función `summary()`, sin embargo, se obtiene a través de la función `sd()`. Note que se puede almacenar cualquier estadística como un objeto que se desee (así como se hizo en §3). Por ejemplo, se calculará y guardará la desviación estándar de la variable peso (en gramos) en un objecto que se llamará "sd.p"

```
> sd.p <- sd(db$peso) #calculo y almacenado en sd.p
> sd.p #valor del sd.p
[1] 71.072
```

En este caso el objeto `sd.p` es un escalar.

Existe una serie de funciones para la estadística descriptiva, como las que se detallan en el cuadro 5.1.

Cuadro 5.1: *Funciones para estadística descriptiva en R para cualquier vector de datos numéricos* x.

Función	Descripción	Función	Descripción
`min(x)`	Mínimo	`max(x)`	Máximo
`mean(x)`	Media aritmética	`median(x)`	Mediana
`var(x)`	Varianza muestral	`sd(x)`	Desviación estándar
`quantile(x,p)`	p-cuantil	`summary(x)`	Resumen descriptivo
`IQR(x)`	Rango intercuartílico	`mad(x)`	Mediana de desviaciones absolutas

Box 19 La función `tapply`. Es de gran utilidad en el análisis de datos. Su estructura es la siguiente:

```
tapply(variable,factor,funcion)
```

Donde:

- variable es el nombre del vector que contiene a una variable continua.
- factor es el nombre del vector que contiene a una variable factor (i.e., se segrega en niveles).
- función es el nombre de una función de estadística descriptiva (e.g., mean).

La dataframe `db` contiene observaciones para diferentes dietas, y se podría preparar una estadística descriptiva de la variable peso para cada una de las dietas. Esto se puede hacer con la función `tapply()`

```
> tapply(db$peso,db$dieta.fac,summary)

$'Dieta 1'
   Min.     1st Qu.   Median    Mean      3rd Qu.   Max.
   35.0     57.8      88.0      102.6     136.5     305.0

$'Dieta 2'
   Min.     1st Qu.   Median    Mean      3rd Qu.   Max.
   39.0     65.5      104.5     122.6     163.0     331.0

$'Dieta 3'
   Min.     1st Qu.   Median    Mean      3rd Qu.   Max.
   39.0     67.5      125.5     142.9     198.8     373.0

$'Dieta 4'
   Min.     1st Qu.   Median    Mean      3rd Qu.   Max.
   39.0     71.2      129.5     135.3     184.8     322.0
```

Esto es posible porque la variable `dieta.fac` es un factor (*Box* 19).

De la misma manera se puede solicitar la desviación estándar empleando la misma función (`tapply`), pero especificando la opción `sd` en lugar de `summary`.

```
> tapply(db$peso,db$dieta.fac,sd)
  Dieta 1  Dieta 2  Dieta 3  Dieta 4
   56.657   71.607   86.542   68.829
```

El número de observaciones, o tamaño muestral, por dieta se puede obtener también con la función `tapply`, pero ahora solicitando el largo del vector, mediante la función `length`

```
> tapply(db$peso,db$dieta.fac,length)
  Dieta 1  Dieta 2  Dieta 3  Dieta 4
      220      120      120      118
```

Ejercicio 5.1 Calcule el coeficiente de variación para la variable peso. Recuerde que

$$CV_y = 100\ \frac{\widehat{\sigma}_y}{\bar{y}}, \tag{5.1}$$

donde: CV_y es el coeficiente de variación en porcentaje de la variable y; mientras que $\hat{\sigma}_y$ y $\bar{y}$ corresponden al estimador de la desviación estándar y media aritmética de la variable y, respectivamente.

Ejercicio 5.2 Calcule el coeficiente de variación para la variable peso, pero ahora segregado para cada dieta. Luego, haga lo mismo para la media y la mediana.

La función `tapply()` se puede emplear también para más de un factor. Un ejemplo se muestra en §8.4.1.

Una función específica de estadística descriptiva

Si bien se puede usar la función `summary()` para calcular la estadística descriptiva, se mostrará a continuación la función `descstat()`, la cual es parte del paquete `datana`. Para ilustrar el uso de esta función, se emplearán los datos guardados en el objeto `bw0` (ver §4.2.4). El nombre de las variables de esos datos son:

```
> names(bw0)
[1] "id"    "edad"    "mes"   "sexo"   "cabezaL" "cabezaA" "cuellop"
[8] "largo" "pechop"  "peso"  "obs"    "name"
```

La función permite el cálculo y posterior entrega de una tabla resumen de estadística descriptiva para variables cuantitativas. Se seleccionará una porción de variables desde los datos `bw0`

```
> df <- bw0[, c("edad", "cabezaL", "cabezaA", "largo", "pechop",
"peso")]
```

La función emplea la siguiente sintaxis `descstat(data,decnum)`, donde `data` es la dataframe que contiene variables continuas, a las cuales se les calcularán estadísticas que se ocuparán, y `decnum` es un número entero que define el número de decimales en la tabla de resultados que entregará la función. Entonces la función se usa de la siguiente manera:

```
> descstat(data=df,decnum=1) #un numero decimal para el output
```

	edad	cabezaL	cabezaA	largo	pechop	peso
n	83.0	143.0	143.0	143.0	143.0	143.0
Minimum	8.0	9.0	4.0	36.0	19.0	26.0
Maximum	177.0	18.5	10.0	83.0	55.0	514.0
Mean	43.4	13.4	6.3	61.3	36.3	192.2
Median	32.0	13.5	6.0	61.0	35.0	154.0
Std. Dev.	34.0	1.9	1.3	9.4	8.2	110.5
CV %	78.3	14.3	20.8	15.3	22.7	57.5

En la tabla anterior el coeficiente de variación está expresado en porcentaje. Obviamente esta función se puede emplear con cualquier otra dataframe, así como diferentes variables para una misma dataframe. Note, además, que para la variable `edad` solo existen 83 observaciones, mientras que para el resto de las variables hay 143 observaciones. Esto implica que hay 60 observaciones de la variable `edad` sin información o con datos "perdidos". En §7.3.1 se revisan alternativas para detectar observaciones perdidas.

En cualquier análisis, ya sea exploratorio o más definitivo, es vital poder realizar gráficos de calidad para representar ciertas características de los datos y/o de los modelos ajustados. Es claro que una buena figura puede ayudar en transmitir con mayor facilidad un mensaje que un cuadro o varios párrafos. Sin embargo, producir buenos gráficos es todo un arte. En este capítulo se revisan los principales gráficos que se realizan en gran parte de los análisis de datos.

6.1 Gráficos de distribución

La distribución de una variable aleatoria es una propiedad muy importante para analizar sus características relacionadas a los valores que toma y para tener una idea sobre su distribución de probabilidades. Existen diferentes gráficos para representar la distribución de una variable, sin embargo, acá se muestran dos.

Un gráfico que permite describir la distribución de una variable es el llamado gráfico de caja o *boxplot* (Fig. 6.1).

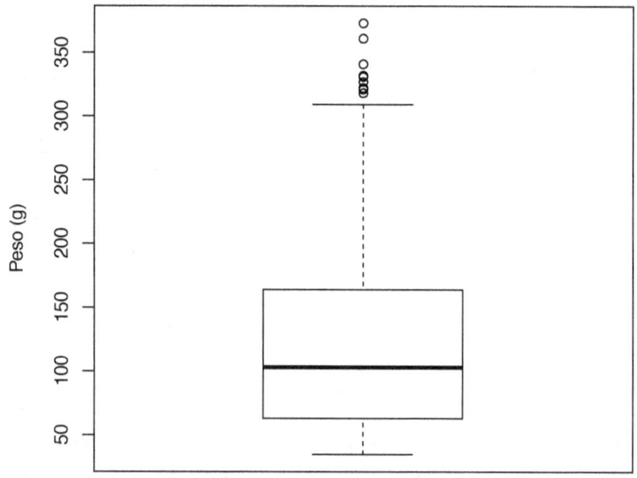

Figura 6.1: *Boxplot para la variable peso para la dataframe* db *que contiene datos sobre el peso de pollos.*

La línea horizontal, o barra, dentro de la caja (Fig. 6.1) representa a la mediana, mientras que la ubicación de la línea inferior y superior de la caja, representan al cuartil 1 (*Q*1) y 3 (*Q*3), respectivamente. La diferencia entre estos cuartiles es el rango intercuartílico (*IQR*). La línea inferior bajo la caja, o el "bigote" inferior, corresponde al valor que resulta de $Q1 - 1{,}5IQR$; mientras que la línea superior al resultado de $Q3 + 1{,}5IQR$. Todas aquellas observaciones menores al bigote inferior, o mayores al bigote superior, se representan por círculos.

Box 20 ¿Cómo reproducir la figura 6.1?

```
> boxplot(db$peso, ylab="Peso (g)")
```

- `db$peso` define el vector para el cual se realizará el boxplot, esto es, la variable "peso" (i.e., peso del pollo), que se encuentra en la dataframe db.
- Luego de la primera "," de la sintaxis, se puede definir un set de opciones.
- La opción `ylab` define la etiqueta (i.e., texto) usada para el eje Y.

Ejercicio 6.1 Realice el gráfico de la Figura 6.1, pero sin especificar el nombre de la etiqueta para el eje Y. Compárelo con el de la figura mencionada.

También se podría estar interesado en analizar la distribución de la misma variable, pero ahora segregada según la dieta a la cual el pollo fue sometido (Fig. 6.2).

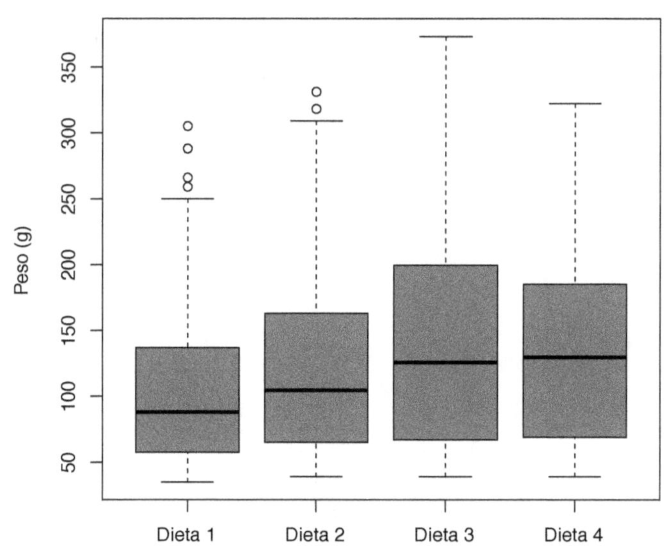

***Figura 6.2:** Boxplot de la variable peso segregado por dieta a la cual fue sometido el pollo.*

Box 21 **¿Cómo reproducir la figura 6.2?** Aquí solo aplicaremos algunos aspectos diferentes con respecto al boxplot anterior.

```
> boxplot(peso ~ dieta.fac, data=db, ylab='Peso (g)', xlab='',
col='red')
```

- peso ~ dieta.fac define la variable cuantitativa para el boxplot, que es "peso" y que se obtenga para cada nivel (definido por el símbolo ~) de la variable categórica "dieta.fac".
- Los datos empleados se definen con la opción data y, por supuesto, las variables peso y dieta.fac deben estar ubicadas en dicha dataframe.
- Las opciones ylab y xlab definen las etiquetas para los ejes Y y X, respectivamente. Como en el eje X la etiqueta se especifica que sea vacío, entonces se suprime su impresión.
- La opción col define el color (red=rojo) de los boxplot.

Ejercicio 6.2 Realice el gráfico de la figura 6.2, pero sin especificar la opción color, es decir, no la incluya en la sintaxis. Defina la etiqueta del eje X que es "Dieta". Compárelo con el de la figura mencionada.

Otro tipo de gráfico que permite describir la distribución de una variable aleatoria es un histograma. La figura 6.3 muestra el histograma para la variable peso de la dataframe db, para todas las dietas en conjunto, o sin segregar por dieta.

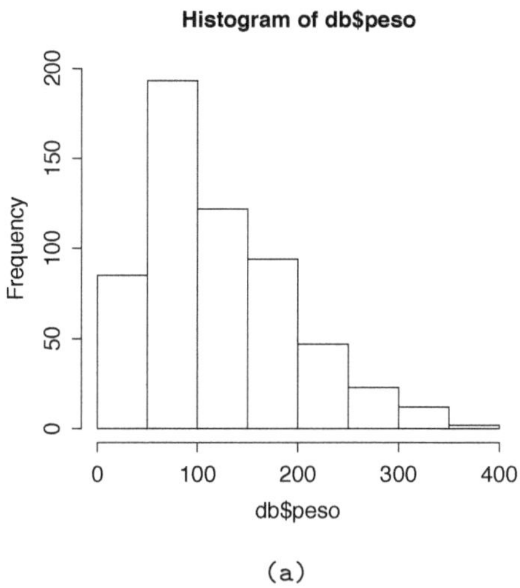

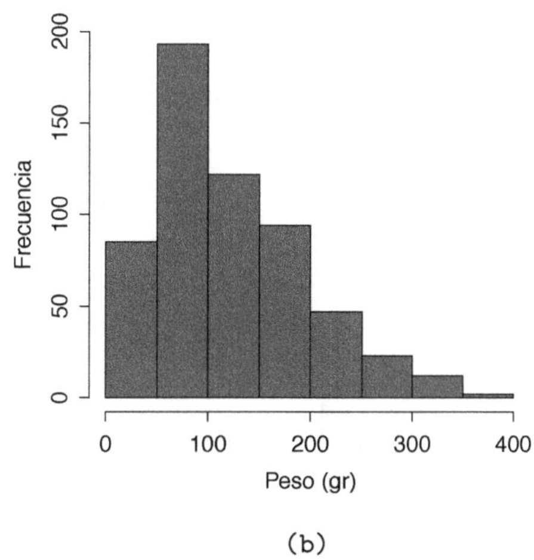

Figura 6.3: *Histograma para la variable peso para toda la dataframe* `db` *empleando la función* `hist()` *con las opciones por defecto (a) y especificando otras opciones (b). ¿Se ven diferentes?*

Box 22 ¿Cómo reproducir la figura 6.3?

Sintaxis para figura 6.3a:

```
> hist(db$peso)
```

- db$peso define la variable para la cual se realizará el histograma.

Sintaxis para figura 6.3b:

```
> hist(db$peso, xlab="Peso (gr)", ylab="Frecuencia", col="blue",
main="")
```

- Las opciones ylab y xlab definen las etiquetas a ser usadas para los ejes Y y X, respectivamente.
- col define el color (blue=azul) de las barras del histograma.
- main define el título principal de la figura, siendo impreso en la figura, en este caso, se ha definido un título vacío.

Se puede obviamente realizar un histograma segregado por dieta (Fig. 6.4). Para esta figura, es necesario cargar primero el paquete `lattice`, que se encuentra instalado por defecto en R.

```
> library(lattice)
```

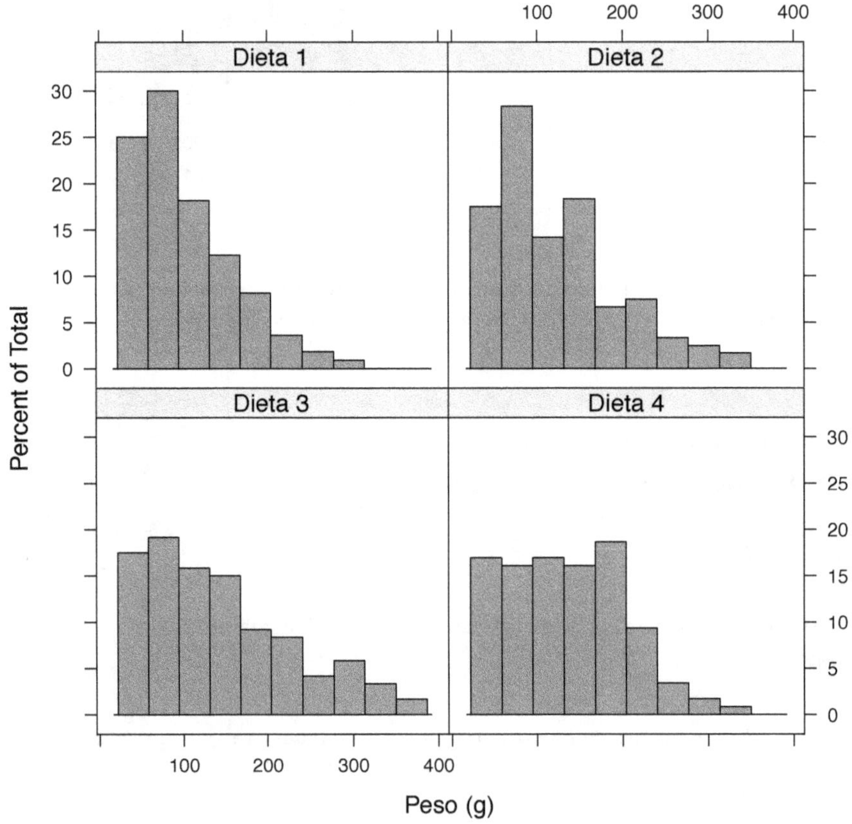

Figura 6.4: *Histograma del peso por tipo de dieta. Esta figura fue reproducida con la función* `histogram()` *del paquete* `lattice`.

Box 23 ¿Cómo reproducir la figura 6.4?

```
> histogram(~peso | dieta.fac, data=db, xlab="Peso (g)",
as.table=T)
```

- ~ peso | dieta.fac define la variable respuesta (i.e., peso) para la cual se requiere desplegar los histogramas, los que deben construirse según los niveles (definido por el símbolo |) del factor dieta.fac.
- La opción as.table=T hace que los paneles del gráfico se desplieguen en orden descendente.

Ejercicio 6.3 Haga el gráfico de la figura 6.4, pero sin especificar la opción `as.table`, es decir, no la incluya en la sintaxis. Agregue la opción `col` para que sea amarillo ("yellow"). Compárelo con el de la figura mencionada.

Ejercicio 6.4 Empleando la dataframe `annualppCities` del paquete `datana`, realice los sisguientes gráficos:

- Un histograma para la variable precipitación anual (annual.pp).
- Un boxplot de la misma variable pero segregrado por ciudad (city). Debiera obtener la figura 6.5.
- Un histograma de la precipitación anual segregrado por ciudad.

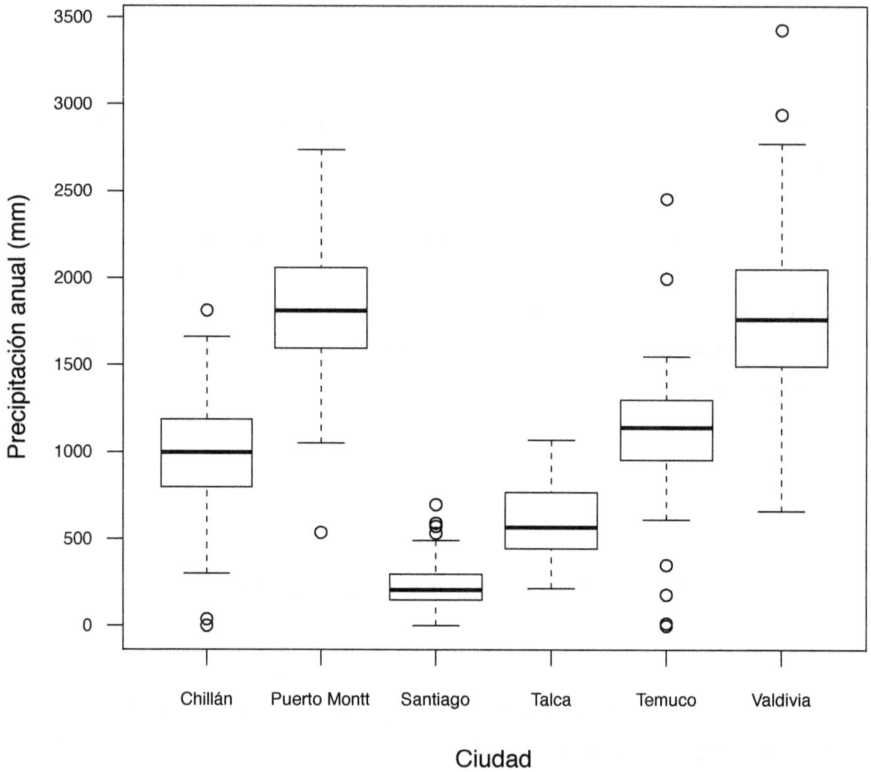

Figura 6.5: *Boxplot de la variable precipitación segregado por ciudad. Los datos provenien de la dataframe* `annualppCities` *del paquete* `datana`*, y fueron obtenidos desde el explorador del Centro de Resiliencia y Cambio Climático de Chile.*

6.2 Gráficos de dispersión

El gráfico básico para comenzar a analizar la relación entre variables es el de dispersión (*scatterplot*). Por lo tanto, este tipo de gráfico debe ser el punto de partida de cualquier análisis de regresión. Las siguientes estructuras de sintaxis son equivalentes para realizar un gráfico de dispersión en R.

```
> plot(varY ~ varX, data=df)
> plot(df$varX,df$varY)
```

Donde:

- varY es el nombre de la variable que irá en el eje-Y.
- varX es el nombre de la variable que irá en el eje-X.
- df es el nombre de la dataframe donde se encuentran las variables varY y varX.

Para ejemplificar la confección de un gráfico de dispersión, se realizará uno relacionando la tasa de consumo de dióxido de carbono de una planta y el disponible en el ambiente. Datos con estas variables se encuentran disponibles en la dataframe CO2, y el gráfico resultante se muestra en la figura 6.6.

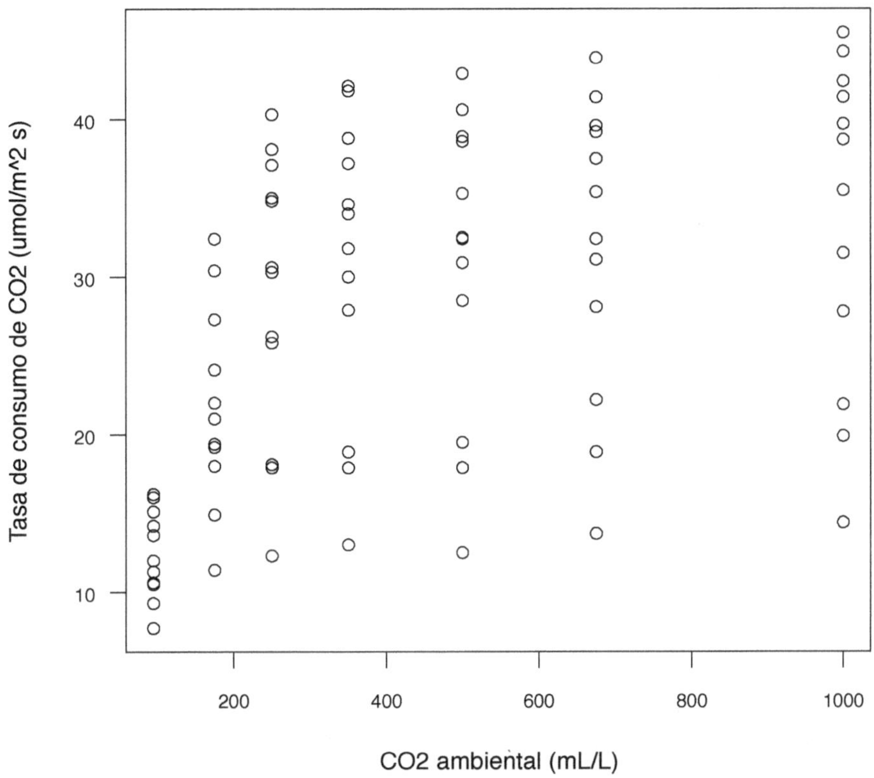

Figura 6.6: *Gráfico de dispersión entre la tasa de consumo de dióxido de carbono (CO_2) de plantas y la concentración de dióxido de carbono ambiental. Este gráfico se hace con la función* plot() *y empleando la dataframe* CO2.

Box 24 ¿Cómo reproducir la figura 6.6?

```
> plot(uptake ~ conc, data = CO2,
   xlab="CO2 ambiental (mL/L).",
   ylab="Tasa de consumo de CO2 (umol/m^2 s)", las=1)
```

- uptake ~ con, define la variable en el eje Y , esta es "uptake", y la variable en el eje X, esta es "conc".
- La opción las define la orientación de los números en el eje Y. Por ejemplo, las=1 hace que los números sean desplegados en forma horizontal, y las=0, por defecto, paralelo a los ejes.

Ejercicio 6.5 Haga el gráfico de la figura 6.6, de acuerdo a lo siguiente:

- solo especifique las variables y la dataframe (i.e., la primera línea de la sintaxis del *Box* 24). Compare su gráfico resultante con el de la figura 6.6.
- no especifique la opción las, es decir, no la incluya en la sintaxis. Luego especifique las=2. Compare estos dos gráficos con el de la figura 6.6.

Ejercicio 6.6 Confeccione los siguientes gráficos de dispersión:

- Para la dataframe ChickWeight, represente la dispersión entre la variable Weight y la variable Time.
- Para la misma dataframe, cree una nueva variable que represente al logaritmo natural de la varible weight, y grafíquela en función de la variable Time.
- Usando la dataframe airquality, represente la dispersión entre las variables ozone y wind.
- Para la misma dataframe, cree nuevas variables que representen al logaritmo natural de las variables temp y wind, y a la raíz cuadrada de temp y wind. Usando estas cuatro nuevas variables, grafique la dispersión entre la temperatura y el viento, en la escala logarítmica, y al emplear la transformación de la raíz cuadrada.

Un gráfico de dispersión entre la tasa de captura de dióxido de carbono y la concentración de ese gas, pero segregrado por el sitio donde crecen (Fig. 6.7), se puede confeccionar mediante la función `xyplot()` del paquete `lattice`, el cual ya fue requerido anteriormente.

La estructura de la sintaxis de la función `xyplot()` se explica a continuación.

> xyplot(varY ~ varX | varF, data=df)

Donde:

- varY es el nombre de la variable que irá en el eje-Y,
- varX es el nombre de la variable que irá en el eje-X.
- varF es el nombre de la variable factor para la cual la dispersión Y vs. X será segregada de acuerdo a sus niveles.
- df es el nombre de la dataframe donde se encuentran las variables varY, varX, y varF.

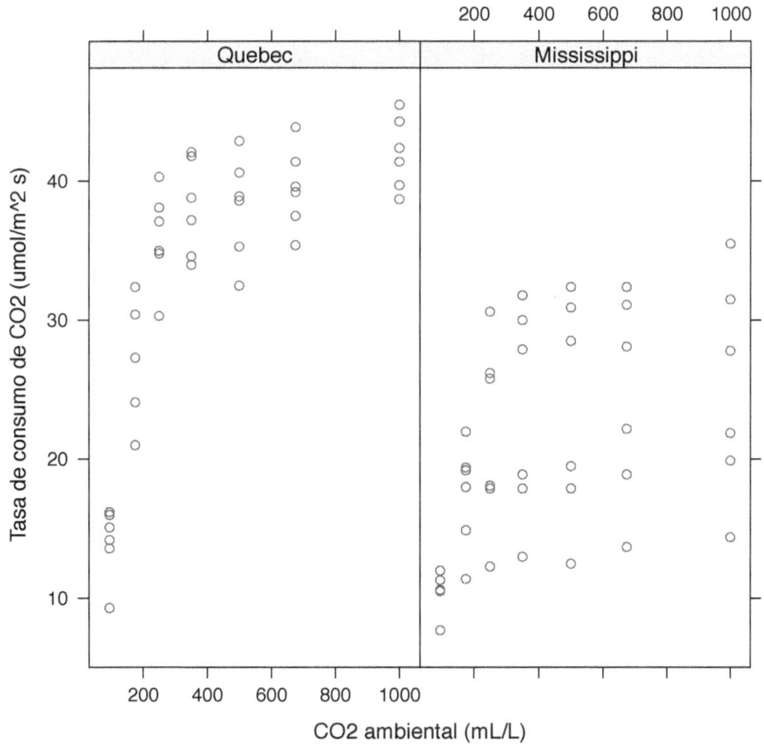

Figura 6.7: *Gráfico de dispersión entre la tasa de captura de dióxido de carbono de plantas y concentración de este gas en el ambiente segregado por localidad. Este gráfico fue realizado mediante la función xyplot() del paquete* `lattice` *y empleando la dataframe* `CO2`.

Box 25 ¿Cómo reproducir la figura 6.7?

```
> xyplot(uptake ~ conc | Type, data = CO2,
  xlab="CO2 ambiental (mL/L)",
  ylab="Tasa de consumo de CO2 (umol/m^2 s)", col="blue")
```

- uptake ~ conc define la variable del eje Y (uptake) y la del eje X (conc),
- | Type define que lo anterior se debe realizar para cada nivel (o categoría) del factor Type.
- La opción col determina el color de los puntos.

Ejercicio 6.7 Realice el gráfico de la figura 6.7, pero ahora agregando la opción `pch=19`. ¿En qué difiere este nuevo gráfico del de la figura mencionada? Luego pruebe definiendo `pch=3` y compare los tres gráficos resultantes.

Ejercicio 6.8 Empleando la dataframe `annualppCities`, realice los siguientes gráficos de dispersión entre la variable precipitación anual (`annual.pp`) y el año (`year`).

- Dispersión entre las variables anteriores, pero segregrado por ciudad. Debe utilizar la sintaxis empleada en el *box* 25, pero cambiando las variables y dataframe.
- A partir del gráfico de la pregunta anterior, agregue la opción type='o', y observe en qué difieren ambos gráficos. Debiera obtener la figura 6.8.

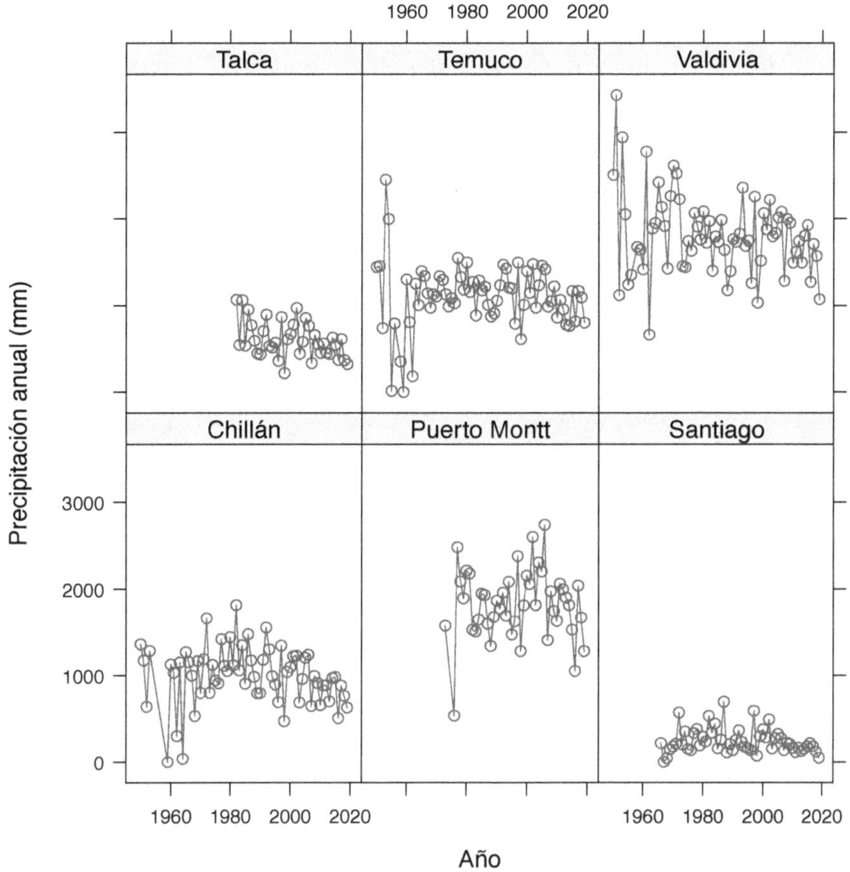

Figura 6.8: *Serie de tiempo de la precipitación segregada por ciudad. Cada observación se representa por un círculo y las observaciones consecutivas están unidas por líneas. Esto último se logra al definir la opción* `type='o'` *en la función* `xyplot`. *Los datos provenien de la dataframe* `annualppCities` *del paquete* `datana`.

Es importante señalar que se han ocupado paquetes simples para explicar los gráficos realizados, gran parte de los cuales ya están instalados por defecto en R, y solo es necesario cargarlos a una sesión específica. De todas maneras, para aquellos usuarios interesados en profundizar en este respecto, se recomienda revisar a Wickham (2009) y Murrel (2018) donde se detalla una amplia gama de alternativas para realizar gráficos altamente detallados.

Box 26 **¿Dónde encontrar más ejemplos de gráficos?** En internet se puede encontrar una serie de alternativas donde, de las figuras, se comparten los scripts empleados para realizar los gráficos. Algunas direcciones web son:

- http://rgraphgallery.blogspot.com/
- https://www.r-graph-gallery.com/
- https://thisisdaryn.github.io/gcubed/

Este último web, muestra gráficos muy detallados empleando el paquete `ggplot2` explicado en Wickham (2009).

6.3 Algunos otros gráficos más complejos

A continuación se mostrarán gráficos más avanzados que los anteriores, sin embargo, cada uno de ellos son completamente producidos en R. La sintaxis necesaria para cada uno de ellos está a disposición en el sitio web del libro, mientras que los datos son parte del paquete `datana`.

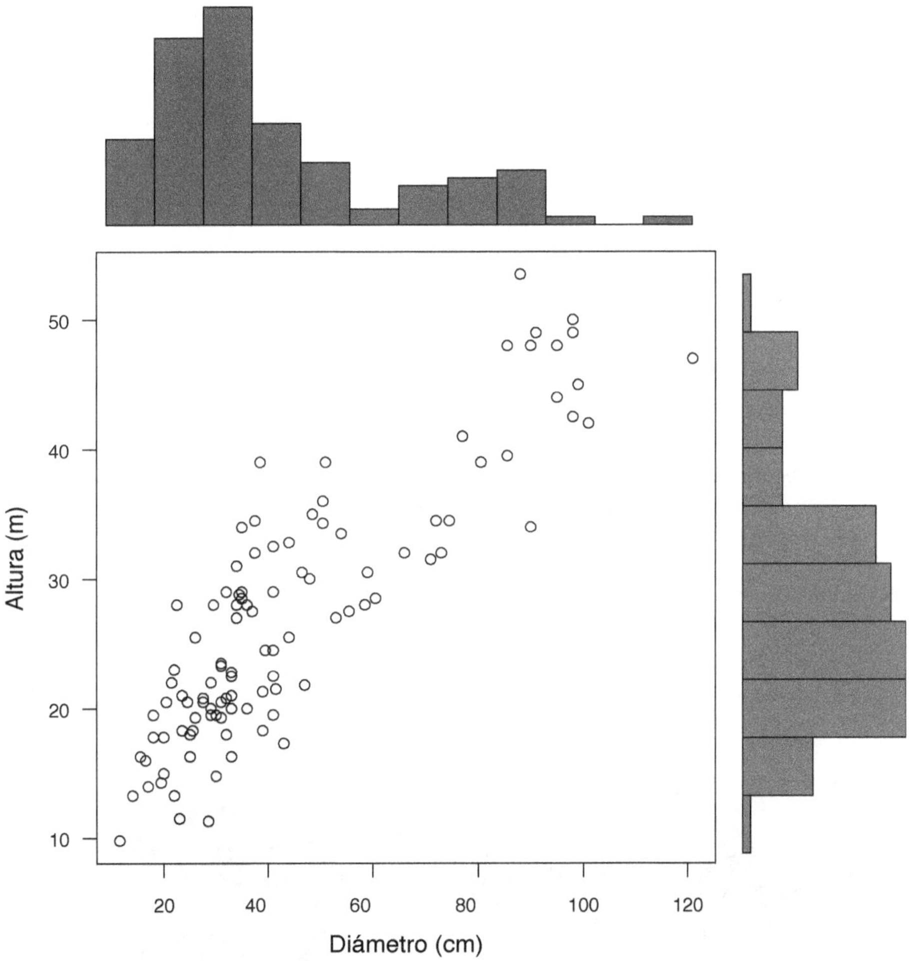

Figura 6.9: *Gráfico de dispersión entre la altura y el diámetro de árboles incluyendo además histogramas para cada una de las variables. Los datos provenien de la dataframe* `treevolroble` *de la librería* `datana`.

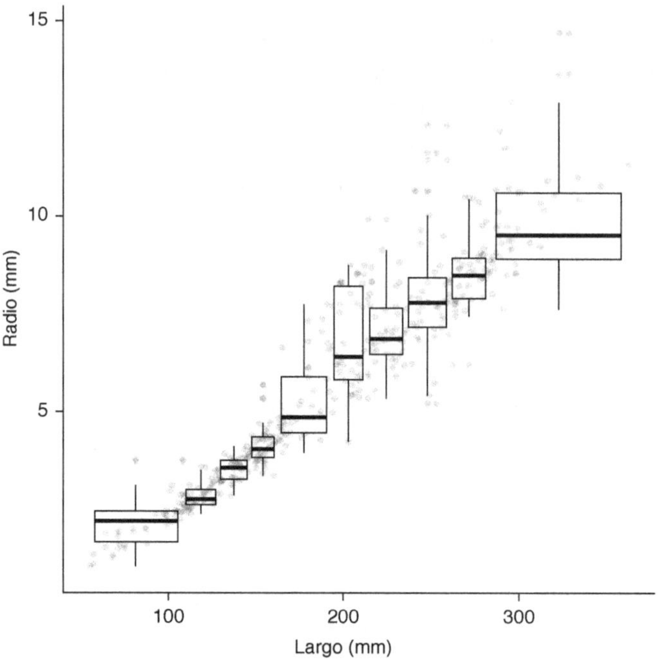

Figura 6.10: *Gráfico de dispersión entre el radio y el largo de peces, pero también incluyendo boxplots de la variable Y (radio), segregado por deciles (i.e., percentil 10, 20, ...) de la variable X (largo). Esto implica que cada boxplot se confecciona con la misma cantidad de datos (o muy similares). El ancho de cada boxplot muestra la amplitud de la variable X considerada como grupo para representar la distribución de Y. Los datos provienen de la dataframe* `fishgrowth` *y el gráfico se realizó con la función* `xyBoxplot`, *ambos disponibles en el paquete* `datana`.

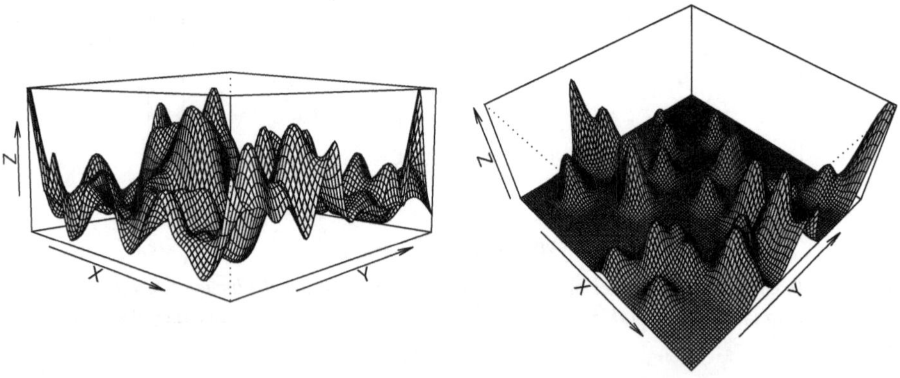

Figura 6.11: *Gráficos en tres dimensiones. A la izquierda se muestra la representación de una función de densidad (o "Kernel") para la distribución espacial de árboles en un bosque nativo en el sur de Chile, y a la derecha cambiando el ángulo de perspectiva. La estimación de densidad por funciones Kernel es una alternativa de modelación en análisis espacial que toma en consideración la posición de elementos en relación a otros (Schabenberger & Gotway 2005). Los datos provienen de Salas et al. (2006).*

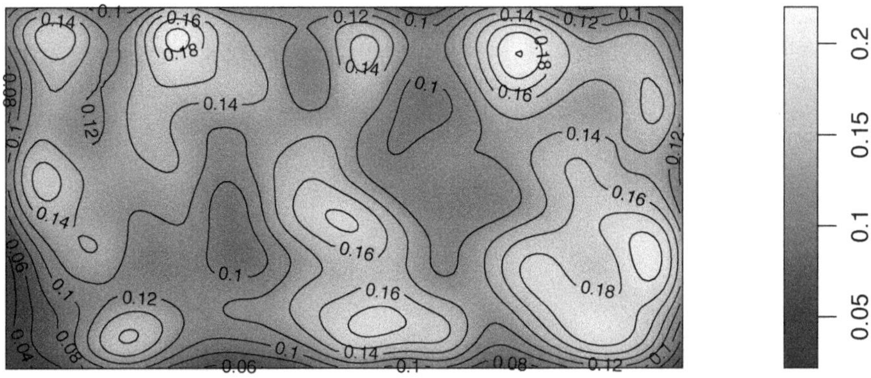

Figura 6.12: *Gráfico de contorno. Es la representación de la relación entre tres variables numéricas pero en solo dos dimensiones. Dos variables son las X e Y, y una tercera variable Z es para delimitar los niveles de los contornos. En este ejemplo, X e Y son las coordenadas de árboles en el plano cartesiano, y Z es la estimación de la función de Kernel. Los datos provienen de la dataframe* `pspLlancahue` *del paquete* `datana`.

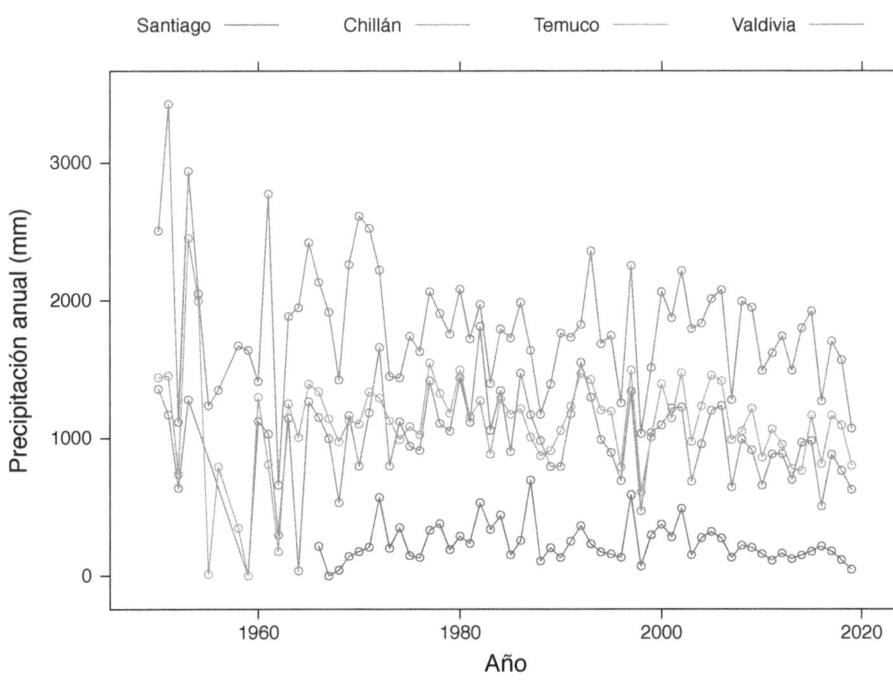

Figura 6.13: *Gráfico de series de tiempo de la precipatión anual para diferentes ciudades de Chile. En este tipo de gráficos, observaciones de una misma unidad se unen por una línea, por lo tanto, cada línea representa a una ciudad en particular, la cual ha sido medida en el tiempo. Los datos provienen de la dataframe* `annualppCities` *del paquete* `datana`.

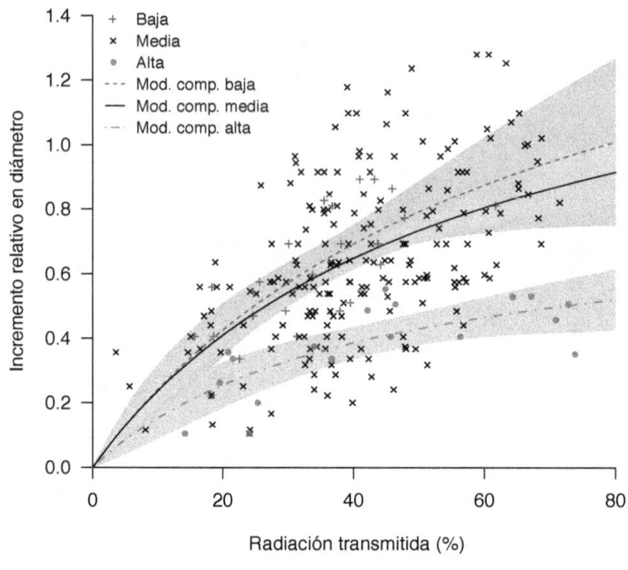

Figura 6.14: *Gráfico de dispersión entre el crecimiento en diámetro de plántulas y la radiación solar bajo tres diferentes niveles de compactación del suelo. El gráfico posee una serie de características: puntos con diferente simbología; modelos (curvas con líneas sólida negra, punteada azul y roja); e intervalos de confianza (plomo, celeste y rosado). La figura es una modificación de la que aparece en Soto et al. (2015).*

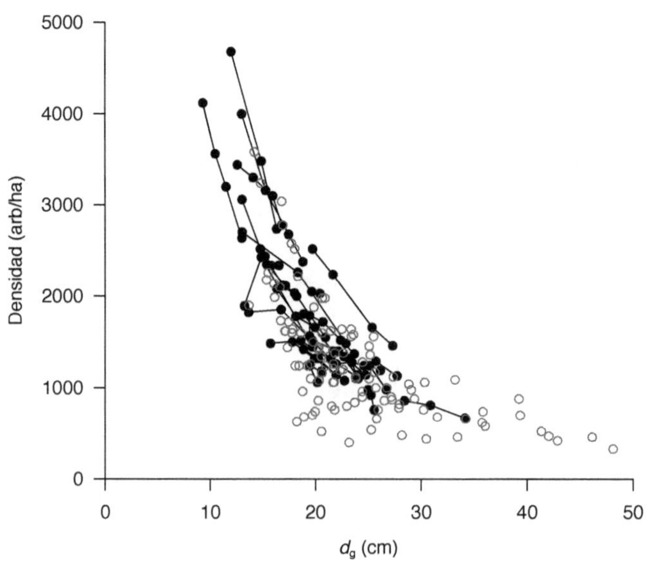

Figura 6.15: *Gráfico de serie de tiempo y dispersión entre la densidad de árboles en un bosque y el tamaño medio de sus árboles (representado por d_g). Los puntos unidos por una línea son la misma unidad de muestreo medida en diferentes ocasiones, mientras que aquellas unidades medidas solo una vez aparecen como círculos en azul. La figura es una modificación de la que aparece en Salas-Eljatib & Weiskittel (2018).*

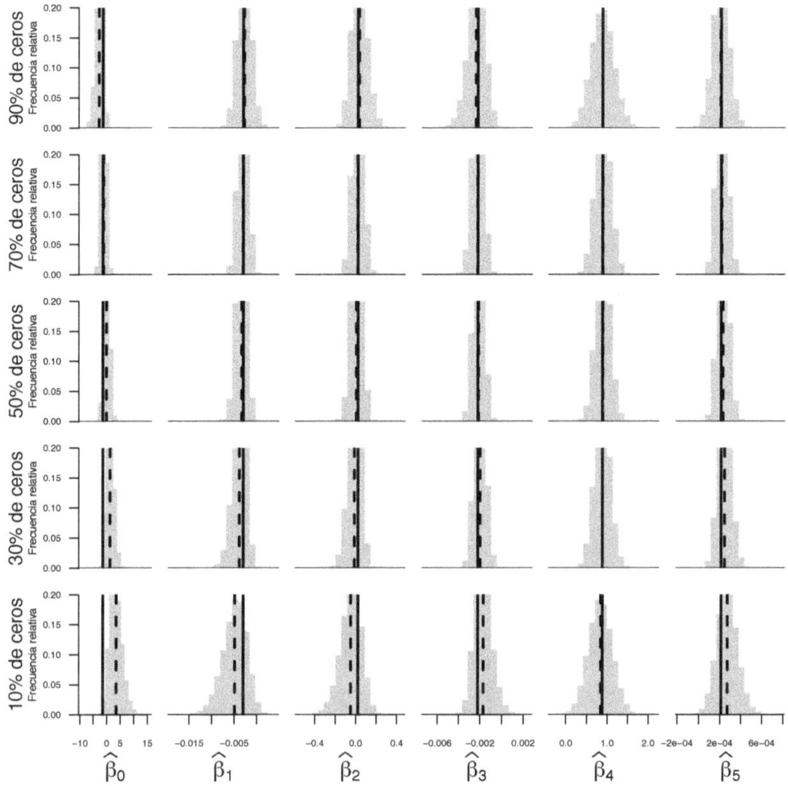

Figura 6.16: *Histogramas en panel. Cada fila representa una estrategia de simulación y cada columna parámetros estimados de un modelo estadístico. Además, se emplean letras griegas en la etiqueta del eje X, y la etiqueta del eje Y tiene dos líneas. La figura es una modificación de la que aparece en Salas-Eljatib et al. (2018).*

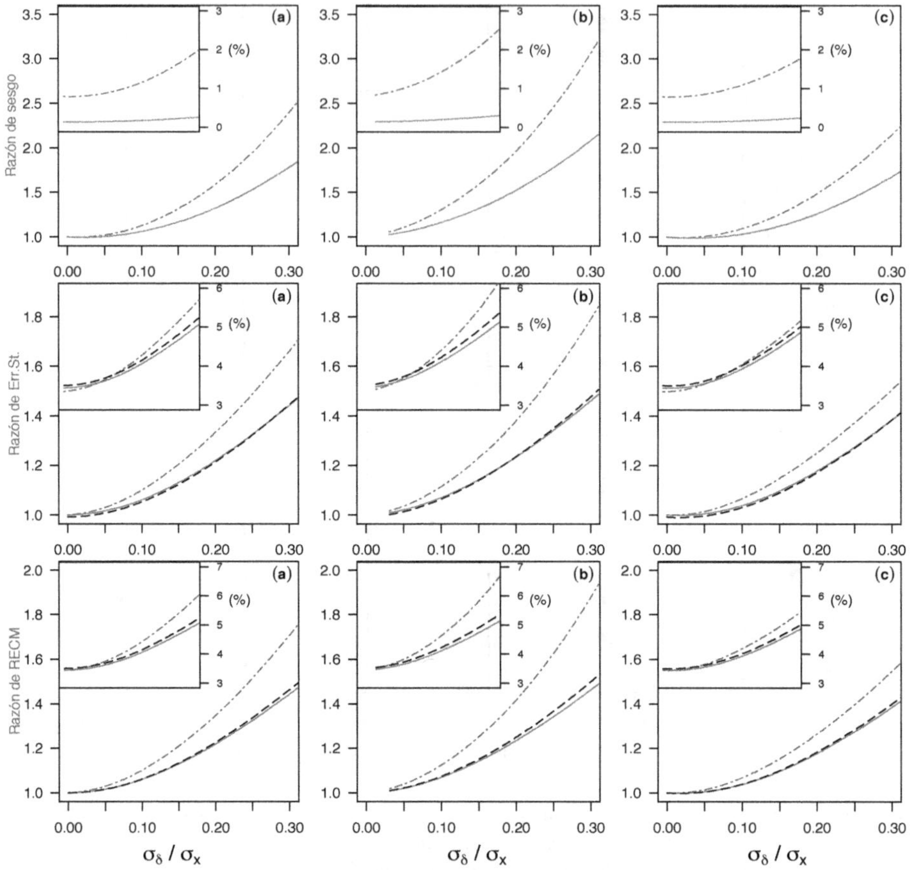

Figura 6.17: *Curvas y figuras en recuadros. Cada fila representa a un estadístico según el grado de error de medición para tres tipos de estimadores (las diferentes curvas) y cada columna muestra las funciones de densidad de probabilidades de dichos errores. El recuadro de cada subfigura es un acercamiento del gráfico, pero expresando los estadísticos en términos porcentuales. La figura es una modificación de la que aparece en Gregoire & Salas (2009).*

6.4 Guardar un gráfico

En caso que un usuario desee guardar algún gráfico proveniente de sus análisis, existen diferentes alternativas para llevarlo a cabo en R, las que se dividen dependiendo de si se emplea la ventana del GUI de R, o sintaxis. Note sin embargo, que existen de todas maneras diferentes formatos en los cuales los gráficos pueden ser almacenados. A continuación se explican brevemente cada una de las alternativas señaladas.

6.4.1 Mediante el GUI de R

La primera opción es copiar el gráfico producido (y que interesa guardar) en R en el portapapeles y luego abrir un archivo de un editor de texto (e.g., MS. Word) y se pega ahí. En la figura 6.18a se muestra cómo copiar un gráfico mediante esta modalidad. Una segunda opción, es guardar directamente el gráfico en un archivo con formato de imagen, manteniendo así un archivo por gráfico. La figura 6.18b muestra dicha opción. Los formatos disponibles para esta opción, mediante la GUI de R son .jpg, .bmp, .tiff, .pdf y .eps. Es importante destacar que el copiado y pegado genera una figura de un formato único no vectorial. En el caso de la opción de grabar se tienen opciones vectoriales (e.g., eps, pdf), como no vectoriales (e.g., jpg. tiff).(b)

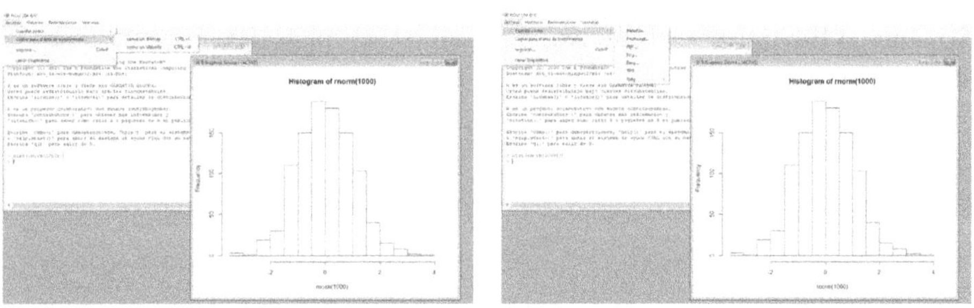

(a) (b)

Figura 6.18: *Guardando un gráfico desde R mediante la GUI de R. (a) Copiando el gráfico en el portapapeles y (b) guardándolo directamente como archivo de imagen en algún formato.*

6.4.2 Con línea de comando

Guardemos un gráfico como un archivo llamado `"miPrimerPlot.jpg"`. Para esto empleamos la función `jpeg()`. Se hace de la siguiente manera, primero se abre la herramienta gráfica `jpeg`, luego se realiza el gráfico, y finalmente se cierra la herramienta mediante el comando `dev.off()`.

Revise la sintaxis de este ejemplo:

```
> jpeg("miPrimerPlot.jpg")
> plot(mis.datosXls$Age,mis.datosXls$Tpa,las=1)
> dev.off()
```

La figura 6.19a corresponde al archivo `miPrimerPlot.jpg`, el cual se debiera haber creado en la carpeta de trabajo de esta sesión. De igual manera, se puede utilizar la funcion `pdf()`, para producir un grafico vectorizado.

Existe otra forma de guardar un gráfico en un archivo de imagen que no implica reproducir la sintaxis necesaria para realizar el gráfico, sino que primero se realiza el gráfico y al final se guarda todo lo que aparezca en la ventana de imagen de R. Por ejemplo, para crear el archivo `miSegundoPlot.png` desde un gráfico que ya está desplegado en R, debe solo tipear

```
> xyplot(BA~Age,groups=StandID,data=mis.datosXls, type="b")
> dev.copy(png,"miSegundoPlot.png")
> dev.off()
```

La figura 6.19b muestra el archivo `miSegundoPlot.png`, el cual se guarda en la carpeta de trabajo.

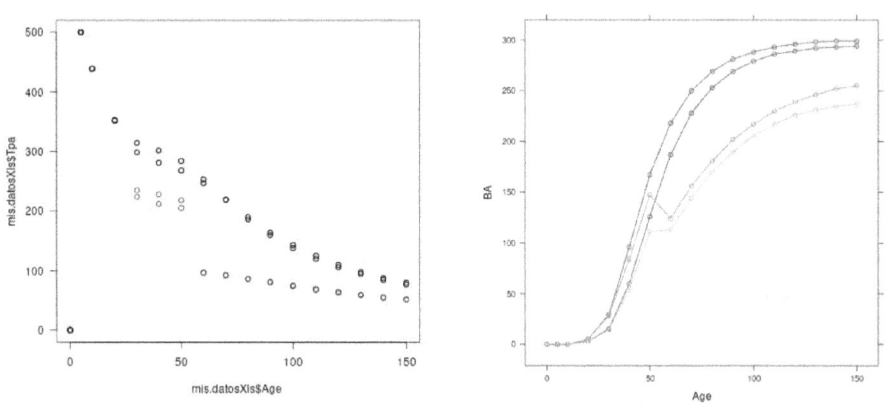

(a) (b)

Figura 6.19: *Gráficos guardados mediante diferentes alternativas. (a) Abriendo la herramienta* `jpeg()`*, luego realizando el gráfico y guardándolo en un archivo (*`miPrimerPlot.jpg`*); y (b) primero produciendo el gráfico y luego guardando el archivo (*`miSegundoPlot.png`*) mediante la función* `dev.copy()`.

Otras funciones para guardar gráficos

Existen varias opciones que funcionan tal como se mostró para la función `dev.copy()` anteriormente, por ejemplo,

- dev.copy2eps()
- dev.copy2pdf()
- dev.copy(postscript,file="migrafico.ps")

Para cada una de estas funciones existen diferentes opciones como por ejemplo `color`, `horizontal=TRUE` si la figura debe ser horizontalmente orientada o viceversa (especificando acá `FALSE`), `width=4cm` para especificar el ancho de la figura empleando unidades como cm, pulgadas (`in`) y otras, `height=4.5cm` para especificar el alto de la figura, entre otras opciones.

Otra función interesante es `savePlot()`, la cual debe ir luego de que un gráfico ha sido realizado. Por ejemplo, si el formato de interés es ".jpg" y que el archivo se llame "grafico1.jpg", se debe tipear

```
> savePlot(filename="grafico1",type="jpg",device=dev.cur())
```

y luego revisar este archivo en el directorio de trabajo.

Box 27 **¿Dónde encontrar más ayuda sobre gráficos?** Además de las referencias a sitios web dados en el *Box* 26, cualquier buscador en internet es un buen punto de partida, por ejemplo, buscar información sobre:

```
[R] how to save a plot?
[R] saving a plot
```

El detalle completo de los colores disponibles de R aparece en `http://research. stowers-institute.org/efg/R/Color/Chart/ColorChart.pdf`

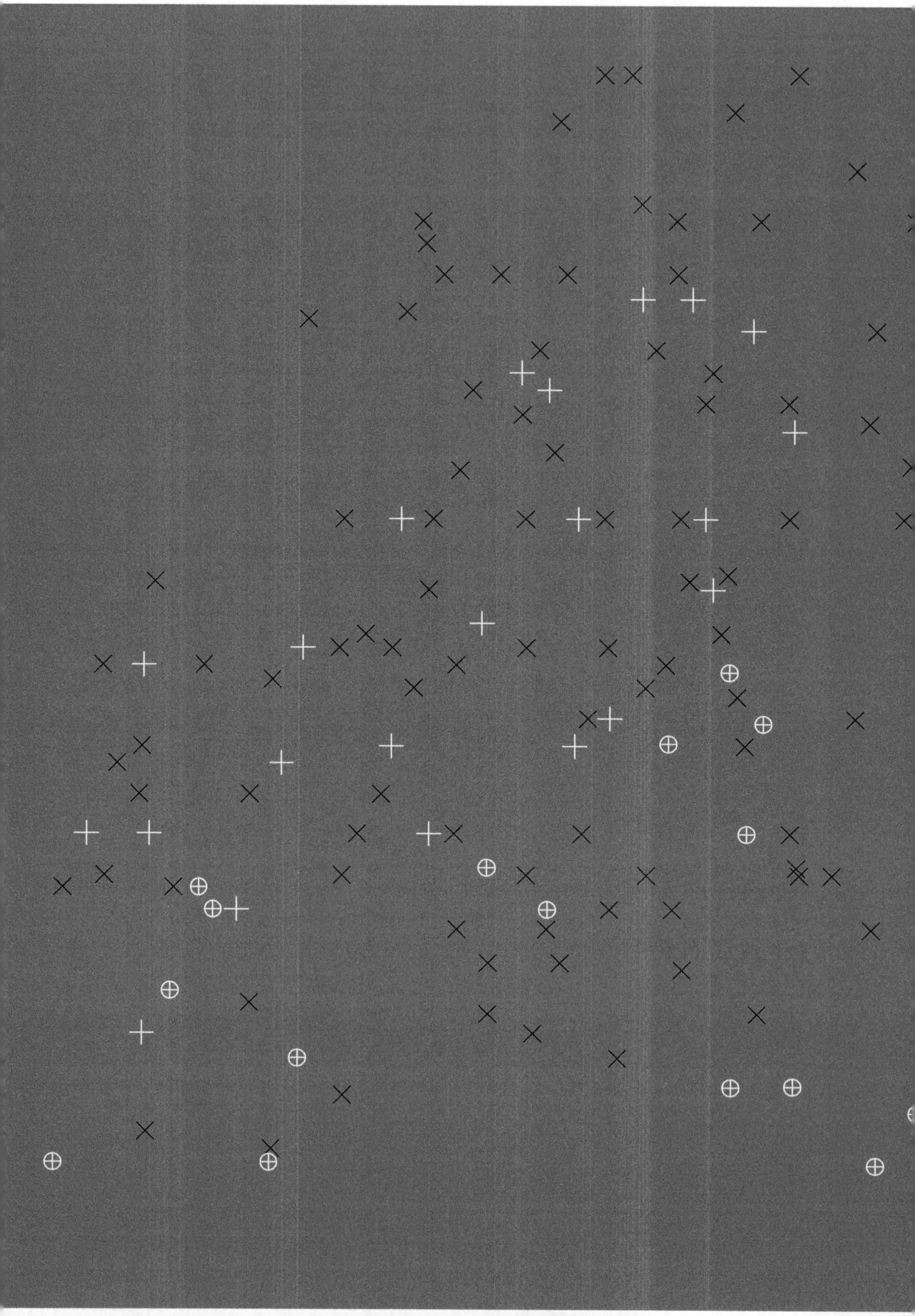

III Ajuste de modelos

7.1 El modelo lineal: algo de teoría

Mediante el análisis de regresión se busca poder inferir sobre la distribución de una variable aleatoria[28] Y, que se denomina variable respuesta, condicionada en conocer alguna variable o set de variables X, que se denomina(n) variable(s) predictora(s). De esta distribución fundamentalmente es de interés su media y varianza. Por lo tanto, acá uno se enfoca en aprender sobre la media de Y dado X, lo cual en estadística se denota por $E[Y \mid X]$, y la varianza de Y dado X, lo cual se denota como $\text{Var}[Y \mid X]$.

Nota 7.1 El valor esperado de una variable aleatoria Y es la media de la distribución de probabilidad de Y. El valor esperado no es el promedio aritmético de Y, sino que el promedio ponderado por la probabilidad. $E[y]$ se emplea para representar el valor esperado de Y. A veces, $E[y]$ es denotado por μ_y.

El modelo de regresión más sencillo es el lineal simple, en donde se estipula que $E[Y_i]$ varía linealmente con la variabe predictora (o covariable) X_i. Específicamente esto implica un modelo

$$E[Y_i] = \beta_0 + \beta_1 X_i = \mu_{y|x} \tag{7.1}$$

La notación a la derecha de la Ec. 7.1 se introduce para indicar implícitamente el énfasis que en el modelo de regresión lineal simple (RLS) la media de la probabilidad de distribución de Y_i no es constante, sino que varía con X_i.

Ahora bien, al considerar que la variable aleatoria Y proviene de una media y un componente aleatorio, se tiene que la Ec. 7.1 toma la siguiente forma específica:

28 El término variable aleatoria se emplea para representar a una variable cuyos valores observados podrían ser considerados como resultado de un proceso o experimento aleatorio o estocástico (e.g., la selección de una muestra aleatoria). Por lo tanto, los valores de tal variable en una muestra en particular no pueden ser anticipados con certidumbre antes de que la muestra es seleccionada y medida.

$$
\begin{aligned}
Y_i &= E[Y_i] + e_i \\
&= \mu_{y|x} + e_i \\
&= \beta_0 + \beta_1 X_i + e_i,
\end{aligned} \tag{7.2}
$$

donde β_0 y β_1 son parámetros y ϵ_i es un error aleatorio del modelo para la *i*-ésima observación. Dicho error tiene una distribución Gaussiana con media cero y varianza σ^2_ϵ. La Ec. 7.2 es el *modelo de regresion lineal simple*, y es denotado en el presente documento por RLS.

Este modelo que la media de Y_i solo depende de X_i, y no la variabilidad del error ϵ_i. Por lo tanto, la varianza de Y_i no depende de X_i. Entonces, la distribución de probabilidad de Y_i tiene media $\mu_{y|x} = \beta_0 + \beta_1 X_i$ y varianza constante σ^2_ϵ. En el modelo RLS (Ec. 7.2) hay tres parámetros para ser estimados, i.e., β_0, β_1 y σ^2_ϵ. El supuesto de errores normalmente distribuidos produce una distribución de Y dado cada valor de X. Sin embargo, la amplitud de la distribución es constante.

Para ejemplificar lo anterior, se empleará datos de variables de crecimiento de una especie de pez (*Micropterus dolomieu*) de agua dulce, que fueron recolectados en el lago West Bearskin en el estado de Minnesota (EEUU) en 1991. Estos datos se encuentran en la dataframe `fishgrowth` del paquete `datana`.

```
> data(fishgrowth)
> crecipeces <- fishgrowth
> head(crecipeces)

  age length  scale
1   1     71 1.9061
2   1     64 1.8771
3   1     57 1.0974
4   1     68 1.3311
5   1     72 1.5928
6   1     80 1.9160
```

Esta dataframe contiene las siguientes columnas:

- `age`: Edad al momento de la captura (años),
- `length`: Largo al momento de la captura (mm),
- `scale`: El radio de una variable de escala usada en estudio de peces, mm.

Un gráfico de dispersión entre el largo y edad de los peces se muestra en la figura 7.1a.

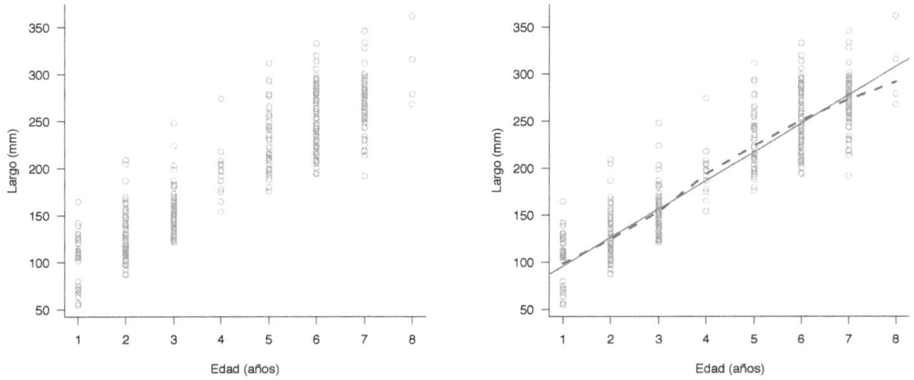

(a) (b)

Figura 7.1: *(a) Gráfico de dispersión entre el largo y la edad de peces para la dataframe* `fishgrowth` *del paquete* `datana`, *y (b) superponiendo una línea de tendencia suavizada (punteada azul) y una línea de regresión (roja) de un modelo lineal simple.*

En la figura 7.1a se observa que cada Y_i representa el largo de un pez, que varían con X, edad del pez, y por lo tanto tienen diferentes valores esperados $E[y]$. Note que Y_i varía alrededor de $E[y]$, y es por eso que en estadística se habla sobre la desviación de Y_i con respecto a su media y se simboliza mediante

$$\epsilon_i = Y_i - E[Y], \tag{7.3}$$

esto es un "error" o "ruido".

Ahora bien, en la figura 7.1b se ha superpuesto una línea suavizada (azul punteada) que representa la tendencia general de los datos, así como también una línea recta de regresión (roja).

El modelo lineal simple (Ec. 7.2), que tan solo tiene una variable predictora, puede ser generalizado a un modelo que posea más de una variable predictora. Esto es,

$$\begin{aligned} Y_i &= \mu_{y|x} + \epsilon_i, \\ &= \beta_0 + \beta_1 X_{1i} + \beta_2 X_{2i} + \ldots + \beta_p X_{pi} + \epsilon_i, \end{aligned} \tag{7.4}$$

donde $\beta_0, \beta_1, \ldots, \beta_p$ son los parámetros (coeficientes), i.e., teniendo $p > 1$ variables predictoras (X) y $p + 1$ coeficientes.[29] La Ec. 7.4 representa un *modelo de regresión lineal múltiple* y es denotado en el presente documento por RLM.

29 Siempre y cuando el modelo tenga intercepto.

> Box 28 **¿En qué se relacionan los modelos RLS y RLM?**
> El modelo de regresión lineal simple (Ec. 7.2) es un caso especial del modelo de regresión lineal múltiple (Ec. 7.4), donde p, el número de variables predictoras, es igual a 1.

7.2 Ajuste de un modelo lineal simple

Dejando de lado la teoría, se aplica a continuación un ejemplo sobre ajuste de un modelo de regresión en R. Se empleará como referencia una porción de la dataframe `idahohd` del paquete `datana`, pero que solo contenga datos de árboles de la especie *grand fir*. Para esto se procede de la siguiente forma:

```
> data(idahohd)
> head(idahohd)
```

```
  plot   tree  species    dbh   height
1    2      1       DF    390      205
2    2      2       WL    480      330
3    3      2       GF    520      300
4    3      5       WC    360      207
5    3      8       WC    380      225
6    4      1       WC    460      180
```

Ahora se crearán columnas con las variables de diámetro y la altura en el sistema métrico

```
> idahohd$d.cm <- idahohd$dbh/10
> idahohd$h.m <- idahohd$height/10
```

y se generará una nueva dataframe que contenga solo los datos de la especie *grand fir*, representado por la sigla GF en la columna `species`,

```
> idahohd.gf <- subset(idahohd, species=="GF")
> n <- nrow(idahohd.gf)
> head(idahohd.gf)
```

```
   plot tree species dbh height d.cm           h.m
3     3    2      GF 520    300 52.0          30.0
10    5    4      GF 518    290 51.8          29.0
21    8    1      GF 462    313 46.2          31.3
25   11    3      GF 383    271 38.3          27.1
26   11    4      GF 223    215 22.3          21.5
36   16    1      GF 105     50 10.5           5.0
```

Primero se grafica la dispersión entre la altura y el diámetro, tal como se muestra en figura 7.2.

```
> plot(h.m~d.cm,data=idahohd.gf,ylab="Altura (m)", xlab="Diametro
(cm)")
```

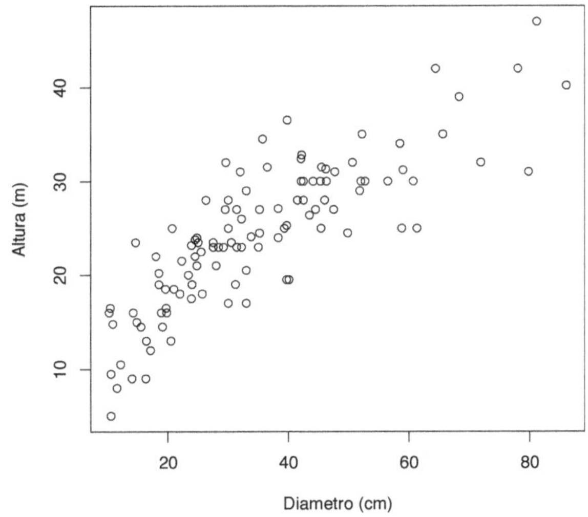

Figura 7.2: *Gráfico de dispersión entre altura y diámetro para la dataframe* `idahohd.gf`.

Dada la importancia de la relación alométrica altura-diámetro, existe una variedad de modelos posibles, sin embargo, acá solo se empleará el siguiente modelo poblacional

$$h_i = \beta_0 + \beta_1 d_i + \epsilon_i, \tag{7.5}$$

donde, h_i es altura del i-ésimo árbol y d_i es su diámetro a los 1.3 m en el fuste del i-ésimo árbol. En estadística, se entiende por ajustar un modelo a la estimación de los parámetros de dicho modelo. Dentro de las alternativas de ajuste en este libro se ocupará el método de mínimos cuadrados ordinarios (o MCO), en donde los parámetros son aquellos que logran minimizar la sumatoria de los errores al cuadrado del modelo en los datos disponibles. El ajuste por MCO se basa en la operación matricial dada en Eq. (3.11). En R el ajuste por mínimos cuadrados está implementado en la función `lm()` como se detalla en el *Box* 29.

Box 29 Estructura de sintaxis para ajuste de modelos con `lm()`.

```
lm(varRes ~ varPred, data=dataToBeUsed)
```

donde `VarRes` es la variable respuesta del modelo, `VarPred` es la(s) variable(s) predictora(s) del modelo, y `dataToBeUsed` es la dataframe para la cual el modelo será ajustado.

Por lo tanto el modelo Eq. (7.5) se ajusta mediante la siguiente sintaxis

```
> modhd.1<- lm(h.m ~ d.cm, data=idahohd.gf)
```

Note que el modelo ajustado ha sido asignado a un objeto llamado `modhd.1`. Se puede solicitar un resumen sobre del modelo ajustado mediante la función `summary()`:

```
> summary(modhd.1)
Call:
lm(formula = h.m ~ d.cm, data = idahohd.gf)

Residuals:
       Min          1Q     Median        3Q       Max
-10.115    -2.411     0.072    2.616   10.411

Coefficients:
       Estimate Std.         Error t    value    Pr(>|t|)
(Intercept)   11.137    0.942       11.8    <2e-16
d.cm                 0.376        0.024      15.7    <2e-16

Residual standard error: 4.31 on 109 degrees of freedom Multi-
ple R-squared:       0.692, Adjusted R-squared: 0.689
F-statistic: 245 on 1 and 109 DF, p-value: <2e-16
```

En base al resultado mostrado, el modelo ajustado es:

$$\widehat{h}_i = \widehat{\beta}_0 + \widehat{\beta}_1 d_i \tag{7.6}$$
$$= 11{,}137 + 0{,}376\, d_i, \tag{7.7}$$

y el valor estimado de la varianza de los residuales es $\widehat{\sigma}^2_\epsilon = 18{,}569$, y su raíz cuadrada es $\widehat{\sigma}_\epsilon = 4{,}31$ metros. El coeficiente de determinación R^2 es 0,692.

Box 30 Solicitando estadísticos de importancia desde un objeto ajustado con lm().

Para un modelo ajustado mediante la función `lm()` y almacenado como un objeto `modAjus.lm`, se puede solicitar los siguientes resultados del ajuste, como por ejemplo

```
> coef(modAju.lm) #parametros-coeficientes estimados
> deviance(modAju.lm) #suma cuadrado del error
> deviance(modAju.lm)/df.residual(modhd.1) #cuadrado.med.error
> (summary(modAju.lm))$sigma #sigma del error del modelo
> summary(modAju.lm)$r.squared #coef. de determinacion, R^2
> confint(modAju.lm, level=0.95) #Int.Conf. coef. estimados
```

Se asignarán los coeficientes del modelo ajustado a los objetos

```
> beta.hat0 <- coef(modhd.1)[1] #asignar valor b0.hat
> beta.hat1 <- coef(modhd.1)[2] #asignar valor b1.hat
```

Dado lo anterior, es posible calcular el valor ajustado o predicho de y_i, representado por $\hat{y}_i$, en la expresión 7.6, para cualquier valor dado de x_i. Por ejemplo, ¿cuál será el valor estimado de altura para un árbol que tiene 52 cm de diámetro? Esto se podría escribir mediante

```
> beta.hat0+beta.hat1*(52)
(Intercept)
  30.672
```

Ahora bien, si se necesita el respectivo valor ajustado de la altura para cada uno de los árboles de la base de datos, se puede ocupar la función `fitted()`

```
> idahohd.gf$h.aju <- fitted(modhd.1)
```

y se revisa como luce ahora la dataframe

```
> head(idahohd.gf)
   plot tree species dbh height d.cm h.m  h.aju
3  3    2    GF      520 300    52.0 30.0 30.672
10 5    4    GF      518 290    51.8 29.0 30.597
21 8    1    GF      462 313    46.2 31.3 28.493
25 11   3    GF      383 271    38.3 27.1 25.525
26 11   4    GF      223 215    22.3 21.5 19.515
36 16   1    GF      105 50     10.5 5.0  15.082
```

Ejercicio 7.1 También es posible obtener el valor ajustado para cada observación mediante

```
> idahohd.gf$h.aju2 <- beta.hat0+beta.hat1*(idahohd.gf$d.
cm)
```

Compare el resultado de la columna `h.aju2` con la anterior ya creada (`h.aju`) mediante la función `fitted()`. ¿Obtiene los mismos valores?

Para el árbol 2 de la base de datos se conoce su altura medida (y_i) de 30 m así como también su valor ajustado ($\hat{y}_i$) de 30,672 m, entonces es posible calcular el valor residual (i.e., estimación del i-ésimo error)

$$\begin{aligned} \hat{\epsilon}_i &= 30 - 30{,}672 \\ &= -0{,}672 \end{aligned} \tag{7.8}$$

Así también, es factible calcular directamente los residuales del modelo para todas las observaciones de la dataframe mediante la función `residuals()`

```
> idahohd.gf$h.resi <- residuals(modhd.1) # valores residuales
> head(idahohd.gf)
   plot tree species  dbh height  d.cm  h.m  h.aju h.aju2     h.resi
3     3    2      GF  520    300  52.0 30.0 30.672 30.672   -0.67178
10    5    4      GF  518    290  51.8 29.0 30.597 30.597   -1.59664
21    8    1      GF  462    313  46.2 31.3 28.493 28.493    2.80708
25   11    3      GF  383    271  38.3 27.1 25.525 25.525    1.57484
26   11    4      GF  223    215  22.3 21.5 19.515 19.515    1.98548
36   16    1      GF  105     50  10.5  5.0 15.082 15.082  -10.08168
```

Ejercicio 7.2 De igual manera que con el valor ajustado, se puede calcular el valor del residual del modelo ajustado para cada observación mediante

```
> idahohd.gf$h.resi2 <- idahohd.gf$h.m - idahohd.gf$h.aju2
```

Compare el resultado de la columna `h.resi2` con la anterior ya creada (`h.resi`) mediante la función `residuals()`. ¿Obtiene los mismos valores?

Box 31 Tipos de residuales desde un objeto ajustado con lm().
Para un modelo ajustado mediante la función `lm()` y almacenado como un objeto `modAjus.lm`, se puede solicitar los siguientes tipos de residuales

```
> residuals(modAjus.lm) #residual "crudo"
> studres(modAjus.lm) #residual estudentizado
> rstandard(modAjus.lm) #residual estandarizado
```

Se puede también obtener un cuadro que resuma las varianzas según fuente de variación (denominado cuadro "ANOVA" por análisis de varianza) para el modelo ajustado mediante

```
> anova(modhd.1)
Analysis of Variance Table
```

```
  Response: h.m
                Df Sum Sq Mean Sq F value Pr(>F)
d.cm         1   4546    4546      245 <2e-16
Residuals  109   2024      19
```

y la matriz de covarianza-varianza de los parámetros estimados con

```
> vcov(modhd.1)
                     (Intercept)          d.cm
  (Intercept)          0.887340        -0.02037309
  d.cm                -0.020373         0.00057644
```

Esta matriz es especialmente importante para evaluar la varianza de los parámetros estimados de modelos con varias variables predictoras (e.g., ver §7.3).

Box 32 Supuestos de un modelo de regresión.
Los principales supuestos de un modelo de regresión son:

- Los residuales del modelo deben seguir a una función de densidad de probabilidades de Gauss. A este supuesto coloquialmente se le llama supuesto de normalidad.
- Varianza homogénea de los residuales u homocedasticidad. Cuando no se cumple este supuesto se habla de que existe el problema de la heterocedasticidad.
- Ausencia de correlación entre los residuales. En caso de lo contrario, se presenta el problema de autorrelación serial de los residuales.
- Evitar la colinealidad entre variables predictoras. Cuando se detecta, existen problemas de multicolinealidad.

Canavos (1988) y Maddala (1996) ofrecen una buena descripción de cada supuesto, así como alternativas para lograr el cumplimiento de los supuestos.

Los gráficos de diagnóstico en regresión, ayudan a corroborar la homocedasticidad (varianza constante de los residuales), normalidad de los residuales, y detectar observaciones influyentes. Ahora, se revisan cuatro gráficos de diagnóstico para un modelo ajustado (Fig. 7.3), obtenido al tipear

```
> plot(modhd.1)
```

Note que el usuario debera cliquear "enter" para ir viendo cada uno de los cuatro gráficos. Si Ud. prefiere evitar esto, se puede agregar la opción `ask` y suprimirla mediante `FALSE`, esto es:

```
> plot(modhd.1,ask=FALSE)
```

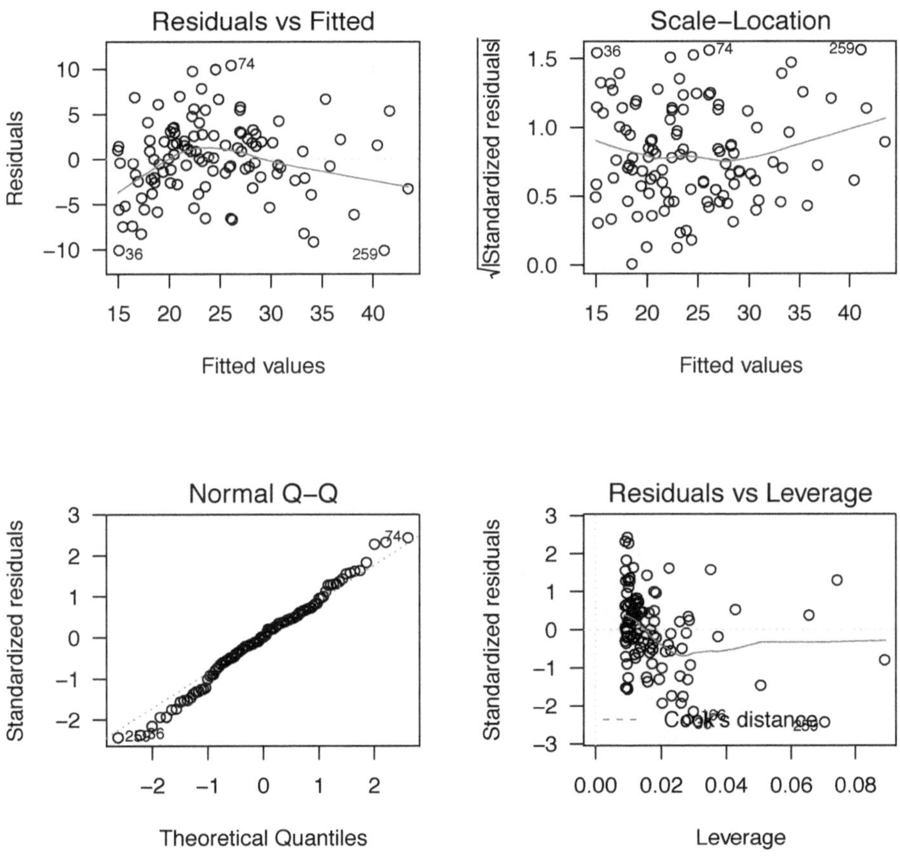

Figura 7.3: *Gráficos de diagnóstico para el modelo ajustado* `modhd.1`.

Los gráficos de diagnóstico (Fig. 7.3) permiten ayudar a detectar desviaciones respecto a los supuestos de homocedasticidad y normalidad de residuales, así como también para detectar observaciones influyentes en el ajuste.

Nota 7.2 ¿Cómo obtener los cuatro gráficos en una sola figura, tal como en figura 7.3? Hay varias opciones, pero se recomienda la siguiente:

```
> op <- par(mfcol=c(2,2))
> plot(modhd.1)
> par(op)
```

Un gráfico clave en análisis de regresión es superponer a la relación de variables el modelo ajustado, tal como se muestra en la figura 7.4 y obtenido con,

```
> plot(h.m~d.cm,data=idahohd.gf,ylab="Altura (m)", xlab='Di\u00E1metro (cm)')
> abline(modhd.1,col='red',lwd=2)
```

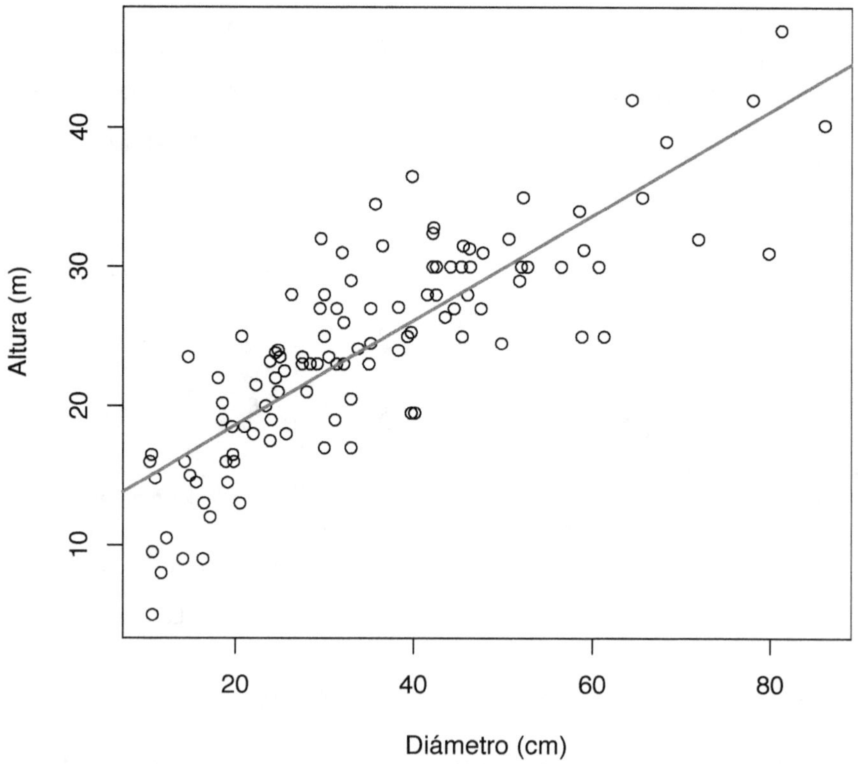

Figura 7.4: *Gráfico de dispersión entre altura y diámetro para la dataframe* `idahohd.gf` *y el ajuste del modelo* `modhd.1` *(recta de color rojo). Note que se ha representado la tilde del nombre de la variable en el eje-X mediante formato Unicode, lo cual asegura su uso en diferentes sistemas operativos.*

Box 33 Algunos *tips* para lm().

a. Se pueden revisar todos los elementos asociados a un modelo ajustado con `lm()` al tipear

```
> names(modAju)
```

b. En caso de no recordar cómo llamar a algunos de los elementos de un objeto de `lm` se puede tipear `methods(class="lm")` y obtener un completo despliegue de los elementos disponibles mediante la función `lm()`.

Para saber qué representan cada uno de ellos se puede usar `?lm` y revisar todos los detalles relacionados, sin embargo, la interpretación es relativamente simple.

7.2.1 Predicción con un modelo de regresión ajustado

La predicción implica utilizar el modelo ajustado para estimar el valor de la variable respuesta en observaciones donde dicha variable no ha sido observada, pero se conoce la(s) variable(s) predictora(s). Para la predicción se puede ocupar la función `predict()`. El contexto es, por lo tanto, definir el modelo ajustado para predecir, y tener una dataframe que contenga los valores de la variable predictora del modelo ajustado, para los cuales interesa obtener el valor predicho de la variable respuesta. Entonces, se asume que interesa conocer la predicción del modelo ajustado `modhd.1` cuando la variable predictora (i.e., diámetro) es igual a 10, 30 y 60 cm, respectivamente. Para esto, se procede mediante

```
> new.d <- data.frame(d.cm=c(10,30,60))
> predict(modhd.1, newdata=new.d)
     1       2       3
14.894  22.407  33.677
```

Por lo tanto, el primer valor es la altura predicha (en m) para un árbol de 10 cm de diámetro, y los restantes dos, para los diámetros 30 y 60 cm, respectivamente.

7.3 Ajuste de un modelo lineal múltiple

Un modelo de regresión lineal múltiple implica usar más de una variable predictora. En R existen diferentes maneras de agregar más variables, (cuadro 7.1).

Cuadro 7.1: *Notación de fórmulas en modelos en R*

Fórmula	Significa en R
`Y ~ X1`	`Y` es modelado por `X1`
`Y ~ X1 + X2`	`Y` es modelado por `X1` y `X2` como en RLM
`Y ~ X1 * X2`	`Y` es modelado por `X1`, `X2` y `X1*X2`
`Y ~ X1 + I(X2^3)`	`Y` es modelado por `X1` y `X2` al cubo
`Y ~ 1+X1`	`Y` es modelado por `X1` y un intercepto específico
`Y ~ -1+X1`	`Y` es modelado por `X1`, pero sin intercepto

Ahora se consideran datos de ejemplo para revisar cómo ajustar un modelo de regresión lineal múltiple. La dataframe `bears` del paquete `datana` contiene variables de tamaño para una muestra de osos en Norteamérica. Se cargan los datos a la sesión mediante las siguientes instrucciones y se asigna dicha dataframe a una que se llamará `osos` y se le cambiará el nombre de las columnas al castellano (tal como se hizo en §5.1),

```
> data(bears)
> osos <- bears
> names(osos)
  [1] "id" "age" "month" "sex" "headL" "headA" "neckG" "length"
  [9] "chestG" "weight" "obs" "name"
> names(osos) <-c("id", "edad", "mes", "sexo", "cabezaL", "cabezaA",
  "cuellop", "largo", "pechop", "peso", "obs", "name")
> head(osos)
```

	id	edad	mes	sexo	cabezaL	cabezaA	cuellop	largo	pechop	peso	obs	name
1	39	19	7	1	25.40	12.70	38.10	1.1430	58.42	29.484	1	Allen
2	41	19	7	2	27.94	16.51	50.80	1.2065	60.96	31.751	1	Berta
3	41	20	8	2	30.48	15.24	43.18	1.4478	68.58	33.566	2	Berta
4	41	23	11	2	31.75	12.70	52.07	1.5113	96.52	64.410	3	Berta
5	41	29	5	2	30.48	15.24	45.72	1.5748	78.74	54.885	4	Berta
6	43	19	7	1	27.94	13.97	40.64	1.3462	66.04	36.287	1	Clyde

El objetivo será modelar el peso de los osos (i.e., variable `peso`) en función de las restantes variables, e.g, una de ellas podría ser `edad`.

7.3.1 Revisando valores perdidos

Un problema común en el uso de datos en estadística es que no todas las variables han sido medidas para todas las observaciones y, por lo tanto, se le asigna a esas observaciones un "valor perdido" o *missing data*. R emplea un tipo especial de valor perdido para cualquier tipo de datos, y es representado como `NA`, lo cual viene del inglés *not available* o no disponible. Primero se revisa el tipo de variables que contiene la dataframe `osos` mediante la función `str()`, que detalla la estructura de los datos

```
> str(osos)
  'data.frame':    143 obs. of      12 variables:
$ id       :int  39 41  41   41 41  43 43  45 45 48 ...
$ edad     :int  19 19  20   23 29  19 20  55 67 81 ...
$ mes      :int  7 7 8  11   5 7 8  7 7 9  ...
$ sexo     :int  1 2 2  2 2  1 1 1  1 1     ...
$ cabezaL  :num  25.4   27.9 30.5  31.8  30.5 ...
$ cabezaA  :num  12.7   16.5 15.2  12.7  15.2 ...
$ cuellop  :num  38.1   50.8 43.2  52.1  45.7 ...
$ largo    :num  1.14   1.21 1.45  1.51  1.57 ...
$ pechop   :num  58.4   61 68.6 96.5 78.7 ...
$ peso     :num  29.5   31.8 33.6 64.4 54.9 ...
$ obs      :num  1 1    2 3 4 1 2 1 2 1 ...
$ name     :num  chr    "Allen" "Berta" "Berta" "Berta" ...
```

y un resumen para la variable `edad` que seguramente será una variable predictora

```
> summary(osos$edad)

Min. 1st Qu.     Median       Mean 3rd Qu.     Max.          NA's
8.0      19.0      32.0  43.4          58.0    177.0           60
```

Al revisar este resumen, R indica que del total de 143 observaciones, existen 60 observaciones con valores perdidos de la variable `edad`. Como se muestra en este caso, algunas funciones de R pueden reconocer y "saben" qué hacer cuando detectan valores con NA's, pero otras no.[30] Entonces siempre esto debe ser revisado. Note que el número de observaciones con NA en una variable en específico de una dataframe también se puede obtener mediante la función `is.na()`, y las que no poseen NA, vale decir, las denominadas observaciones completas mediante la función `!is.na()`, como sigue

```
> nrow(osos[is.na(osos$edad),]) #num. filas con valores NA en la col. edad
[1] 60
> nrow(osos[!is.na(osos$edad),]) #num. filas sin valores NA en la col. edad
[1] 83
```

Una alternativa para lidiar con los NA es no considerar los NA de las variables que se emplearán en el modelo a ajustar. Por ejemplo, creando una nueva dataframe

```
> osos1 <- (osos[!is.na(osos$edad),])
> nrow(osos1) #num. filas de osos, sin valores NA en la columna edad
  [1] 83
```

donde no existen observaciones en la columna edad con valores vacíos. Otra alternativa, quizás la más extrema, es simplemente eliminar todas las observaciones, independiente de la variable, que posean `NA`, empleando la función `na.omit()` .

```
> osos2 <- na.omit(osos)
> nrow(osos2) #num. filas ultima dataframe
[1] 82
```

Se optará por lo segundo en este caso, y luego Ud. puede ver la diferencia.

Ahora entonces solo se tienen 82 observaciones. Se obtienen a continuación algunos estadísticos descriptivos de estos datos mediante la función `descstat()` explicada en §5.4.

```
> data.aqui=osos2[,c("peso","edad","largo","pechop")]
> descstat(data=data.aqui,decnum=1) #un numero decimal para el output
```

30 e.g., la función `cor()` que será explicada en la siguiente sección.

```
          peso  edad  largo pechop
n         82.0  82.0  82.0  82.0
Minimum   11.8  8.0   0.9   48.3
Maximum   233.1 177.0 2.0   139.7
Mean      84.9  43.8  1.5   91.1
Median    68.5  32.0  1.5   87.6
Std. Dev. 54.7  34.1  0.3   23.0
CV %      64.5  77.9  17.3  25.3
```

7.3.2 Relación entre varias variables

Dado que existen varias variables predictoras potenciales, es de interés revisar la relación que existe entre la variable respuesta y las variables predictoras. Para esto se tienen dos opciones, primero mediante gráficos y la segunda mediante el cálculo de algún estadístico. Antes de revisar más detalles, se seleccionará una porción de las variables de la dataframe `osos2` de mayor interés para así no mostrar demasiadas columnas

```
> osos.colint <- osos2[,c('peso','edad','cabezaL',
'cabezaA','largo','pechop')]
```

La figura 7.5 muestra un panel completo panel describiendo la dispersión entre todas las variables presentes en la dataframe `osos.colint`; una curva suavizada para cada dispersión; un histograma para cada variable y el coeficiente de correlación lineal. El gráfico es realizado mediante

```
> xymultiplot(osos.colint, col.points="gray")
```

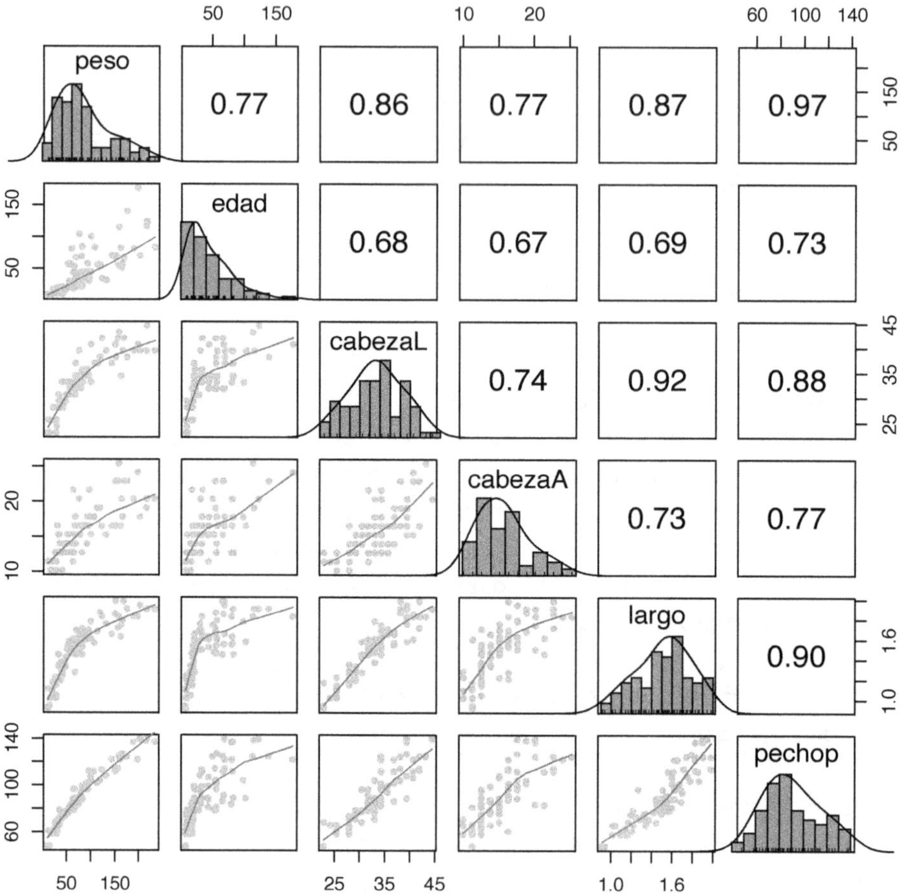

Figura 7.5: *Panel de gráficos de dispersión entre las variables (i.e., columnas) de la dataframe* `osos.colint` *y una curva suavizada (línea roja); histograma para cada variable y el coeficiente de correlación lineal entre pares de variables. Esta figura se obtuvo mediante la función* `xymultiplot` *del paquete* `datana`.

Compare la figura que se obtiene al ejecutar la siguiente sintaxis con la figura 7.5.

```
> pairs(osos.colint)
```

El coeficiente de correlación indica el grado de relación lineal entre dos variables, pero su valor en general no debe usarse para caracterizar completamente su relación. Su fórmula es:

$$\rho_{X,Y} = \mathrm{corr}(X, Y) = \frac{\mathrm{cov}(X, Y)}{\sigma_X \sigma_Y}, \tag{7.9}$$

donde $\rho_{X,Y}$ es el coeficiente de correlación (a veces simbolizado por *R*), *cov*(*X*, *Y*) es la covarianza entre las variables aleatorias *X* e *Y*, y σ_X, σ_Y son las desviaciones estándar de dichas variables, respectivamente. El coeficiente de correlación debe entenderse como una covarianza estandarizada entre dos variables de acuerdo a sus respectivas variaciones. En R se puede calcular dicho coeficiente mediante la función `cor()`, por ejemplo, empleando

```
> cor(osos.colint)
```

	peso	edad	cabezaL	cabezaA	largo	pechop
peso	1.00000	0.77283	0.85653	0.77370	0.87130	0.96671
edad	0.77283	1.00000	0.68460	0.66652	0.68876	0.73290
cabezaL	0.85653	0.68460	1.00000	0.74118	0.92006	0.88054
cabezaA	0.77370	0.66652	0.74118	1.00000	0.73295	0.76595
largo	0.87130	0.68876	0.92006	0.73295	1.00000	0.89549
pechop	0.96671	0.73290	0.88054	0.76595	0.89549	1.00000

Recuerde que el coeficiente de correlación varía entre -1 y 1. También se puede calcular el coeficiente de determinación R^2 (i.e., es el valor al cuadrado del coeficiente de correlación), el cual varía entre 0 y 1.

```
> cor(osos.colint)^2
```

	peso	edad	cabezaL	cabezaA	largo	pechop
peso	1.00000	0.59727	0.73364	0.59862	0.75916	0.93454
edad	0.59727	1.00000	0.46868	0.44425	0.47439	0.53714
cabezaL	0.73364	0.46868	1.00000	0.54934	0.84651	0.77535
cabezaA	0.59862	0.44425	0.54934	1.00000	0.53722	0.58668
largo	0.75916	0.47439	0.84651	0.53722	1.00000	0.80190
pechop	0.93454	0.53714	0.77535	0.58668	0.80190	1.00000

Box 34 Correlación no implica causalidad.
Es importante destacar que, en términos generales, la correlación no puede ser usada para inferir una relación causal entre las variables. Esto no debe ser entendido como que la correlación no puede indicar la existencia potencial de relaciones causales, sin embargo, las causas detrás de la correlación, si es que existieran, podrían ser indirectas y desconocidas, y alta correlación también se traslapa con relaciones de identidad, donde ningún proceso causal existe. Mayores detalles respecto a esto se pueden revisar en Anscombe (1973) y Rodgers y Nicewander (1988).

7.3.3 Modelos ajustados

Se define primero como Y a la variable respuesta `peso`, y para este ejemplo, se emplearán solo tres variables predictoras potenciales. Estas son las variables `edad` (X_1), `largo` (X_2) y `pechop` (X_3).

Obviamente se pueden emplear más variables, pero el ejemplo sería más largo. Por ahora, el uso de tres variables predictoras es apropiado e ilustrativo. Entonces, se definen los siguientes modelos estadísticos, siendo todos de regresión lineal múltiple (RLM) y solo el primero de regresión lineal simple,

$$Y_i = \beta_0 + \beta_1 X_{1i} + \epsilon_i, \tag{7.10}$$
$$Y_i = \beta_0 + \beta_1 X_{1i} + \beta_2 X_{2i} + \epsilon_i, \tag{7.11}$$
$$Y_i = \beta_0 + \beta_1 X_{1i} + \beta_2 X_{2i} + \beta_3 X_{3_i} + \epsilon_i, \tag{7.12}$$
$$Y_i = \beta_0 + \beta_1 X_{1i} + \beta_2 X_{3i} + \epsilon_i. \tag{7.13}$$

Los modelos anteriores se ajustan así en R:

```
> rlm1 <- lm(peso~edad, data=osos2)
> rlm2 <- lm(peso~edad+largo, data=osos2)
> rlm3 <- lm(peso~edad+largo+pechop, data=osos2)
> rlm4 <- lm(peso~edad+pechop, data=osos2)
```

y un resumen de cada uno de los modelos ajustados se da a continuación:

```
> summary(rlm1)
Call:
lm(formula = peso ~ edad, data = osos2)
```

```
Residuals:
     Min      1Q    Median       3Q        Max
   -84.31   -22.30         -4.87      18.81    99.58

Coefficients:
                Estimate   Std. Errort    value  Pr(>|t|)
 (Intercept)     30.638         6.301     4.86   5.7e-06
 edad             1.240         0.114    10.89    <2e-16

Residual standard error: 34.9 on 80 degrees of freedom
Multiple R-squared:  0.597,       Adjusted R-squared:  0.592
F-statistic:    119 on 1 and 80 DF, p-value: <2e-16
> summary(rlm2)
Call:
lm(formula = peso ~ edad + largo, data = osos2)

Residuals:
      Min             1Q     Median          3Q        Max
   -50.09    -12.72    -2.69    10.60    75.13

   Coefficients:
          Estimate Std. Error t value Pr(>|t|)

 (Intercept)   -142.272       18.358    -7.75     2.7e-11
 edad             0.527        0.107     4.94     4.4e-06
 largo          134.659       13.901     9.69     4.5e-15

Residual standard error: 23.8 on 79 degrees of freedom
Multiple R-squared:  0.816,  Adjusted R-squared:  0.811
F-statistic:  175 on 2 and 79 DF,  p-value: <2e-16
> summary(rlm3)
Call:
lm(formula = peso ~ edad + largo + pechop, data = osos2)

Residuals:
     Min      1Q  Median     3Q      Max
-29.22  -7.65    0.58  7.32  44.78
```

```
Coefficients:
             Estimate  Std. Error  t value  Pr(>|t|)
(Intercept)  -112.9558    10.4726   -10.79   < 2e-16
edad           0.2224      0.0639     3.48   0.00082
largo          1.1815     12.7000     0.09   0.92612
pechop         2.0459      0.1542    13.27   < 2e-16

Residual standard error: 13.3 on 78 degrees of freedom
Multiple R-squared:  0.943,    Adjusted R-squared:  0.941
F-statistic:  434 on 3 and 78 DF,  p-value: <2e-16
> summary(rlm4)
Call:
lm(formula = peso ~ edad + pechop, data = osos2)

Residuals:
    Min      1Q   Median     3Q    Max
 -29.33   -7.69     0.50   7.40  44.69

Coefficients:
             Estimate   Std. Error   t value   Pr(>|t|)
(Intercept)  -112.2278      6.9156    -16.23    < 2e-16
edad            0.2230      0.0631      3.54    0.00069
pechop          2.0572      0.0935     22.00    < 2e-16

Residual standard error: 13.2 on 79 degrees of freedom
Multiple R-squared:  0.943,    Adjusted R-squared:  0.942
F-statistic:  659 on 2 and 79 DF,  p-value: <2e-16
```

7.3.4 Comparación de modelos

Existe una gran variedad de alternativas y metodologías para comparar modelos, algunas netamente enfocadas en inferencia estadística, y otras en predicción, y otras que mezclan ambas (e.g., la propuesta de metodología de selección de modelos de Salas 2002). El presente libro se centra en inferencia estadística fundamentalmente. Así también en la raíz cuadrada del error medio cuadrático (RMSE). Esto es la desviación estándar de los residuales ponderada además por el número de parámetros del modelo. RMSE se obtiene fácilmente desde un modelo ajustado, e.g., `modAju`,

```
> summary(modAju)$sigma
```

Basado en los modelos ajustados, es claro que la variable `edad` es un importante predictor (modelo `rlm1`), y así también lo es `largo` (modelo `rlm2`), sin embargo, al incluir la variable `pechop` al modelo que ya posee tanto `edad` como `largo` (esto es modelo `rlm3`), esta última variable no es una predictora estadísticamente significativa. Luego de sacar `largo` y mantener tan solo las variables `edad` y `pechop` (esto es modelo `rlm4`) se obtiene un modelo con todos sus parámetros estadísticamente significativos.

Es posible también comparar un modelo completo y un modelo reducido, siendo el segundo un subconjunto (i.e., con menos variables) que el primero. Dicha comparación se puede establecer mediante una prueba de razón entre varianzas mediante una prueba *F* entre dos modelos, por ejemplo,

```
> anova(rlm1,rlm2)#primero el modelo mas simple
Analysis of Variance Table

Model 1: peso ~ edad
Model 2: peso ~ edad + largo
Res.Df RSS Df Sum of Sq     F       Pr(>F)
1   80    97690
2   79    44653  1     53037 93.8 4.5e-15
> anova(rlm4,rlm3)#primero el modelo mas simple
Analysis of Variance Table

Model 1: peso ~ edad + pechop
Model 2: peso ~ edad + largo + pechop
    Res.Df      RSS  Df  Sum of Sq  F Pr(>F)
1       79  13711
2       78  13709  1  1.52  0.01  0.93
```

Recomendamos optar por `rlm4` por lo siguiente:

a. Todos sus parámetros son estadísticamente significativos (i.e., con una baja probabilidad de que los parámetros estimados sean 0),
b. Reduce la variabilidad del error (medida por el RMSE) desde 23,774 (`rlm2`) a 13,174 (`rlm4`), e incluso también menor al de (`rlm4`), con un valor de 13,257, que empleaba tres variables predictoras.
c. Solo emplea dos variables predictoras, por lo tanto siendo más parsinómico (o sencillo).

d. Un gran problema en el análisis de regresión y en la construcción de modelos es decidir qué variables predictoras incluir y cuántas de ellas. Mientras algunos modelos podrían ser claramente incorrectos en el sentido que se incluyen predictores irrelevantes, no tiene mucho valor encontrar un modelo únicamente "correcto". Varias alternativas se pueden desempeñar similarmente bien para el propósito de predecir en el futuro.

Box 35 Recomendaciones al comparar y seleccionar modelos.

- No use regresión paso a paso (o stepwise regression). Por ejemplo, revisar Thompson (1995) y Grossman et al. (1996). En general, se recomienda evitar procedimientos 100 % automáticos para selección de variables en modelos estadísticos.
- Entre modelos con similares características (inferencia estadística y predicción), opte por el modelo más sencillo (i.e., teniendo menos parámetros).

En el *Box* 32 se indicaron diferentes supuestos de un modelo de regresión. Uno de estos que se debe revisar en modelos de regresión lineal múltiple, es la presencia de multicolinealidad, o relación entre variables predictoras. En caso de que exista multicolinealidad la inferencia estadística del modelo de regresión se altera, ya que los estimadores de varianza no son los óptimos. Un indicador de multicolinealidad es el valor de inflación de la varianza (VIF) que se calcula para cada coeficiente estimado de un modelo de regresión lineal múltiple. Para esto, se empleará la función `vif()` del paquete `car` (Fox 2009), como sigue

```
> library(car)
> vif(rlm2)
  edad      largo
  1.9025 1.9025
> vif(rlm3)
  edad  largo  pechop
  2.1856 5.1065 5.7989
> vif(rlm4)
 edad   pechop
  2.1605  2.1605
```

Cuanto mayor sea el valor del VIF para cualquier variable, mayores potenciales problemas. Salas (2002) propone usar como referencia un valor de 10 para identificar modelos con presencia de multicolinealidad. En nuestro ejemplo ninguno de los modelos múltiples evidencia problemas serios en este aspecto, aunque claramente el modelo `rlm3` posee los mayores VIF. Mayores detalles al respecto se pueden revisar en Maddala (1996).

8.1 ANOVA: modelo de regresión con variable predictora categórica

El análisis de varianza denotado por ANOVA o ANDEVA es simplemente un modelo de regresión lineal que posee variables predictoras categóricas. El modelo estadístico para una ANOVA se representa como:

$$y_{ij} = \mu + \tau_i + \epsilon_{ij}, \tag{8.1}$$

donde y_{ij} es la variable respuesta para la j-ésima unidad experimental en el i-ésimo nivel del factor en estudio o tratamiento; μ es la media poblacional; τ_i es una desviación de la media poblacional debido al i-ésimo tratamiento; y ϵ_{ij} es un error aleatorio, distribuido normal con media 0 y varianza σ^2_ϵ. Aquí i = 1, 2, ..., a donde a representa el número de tratamientos o niveles del factor en estudio, y j = 1, 2, ..., r donde r es el número de réplicas. Es importante señalar que debido a que la Ec. 8.1 es un modelo de regresión lineal (múltiple si el factor tiene más de dos niveles), también se podría representar en forma de un modelo estadístico de regresión. A un modelo de este tipo con variable predictora categórica se le denomina modelo de regresión con variables *dummy* (mudas). No obstante lo anterior, en este capítulo, se empleará la nomenclatura clásica de diseño de experimentos (Kuehl 2000), ya que es la de mayor uso.

8.2 Un factor: ANOVA simple

Se utilizarán los datos de la dataframe `fertiliza` del paquete `datana` que corresponde a un ensayo forestal, donde se aplicaron aleatoriamente distintas concentraciones de fertilizantes en diferentes unidades de muestreo (i.e., parcelas) y luego de un tiempo se midió el volumen de madera de los árboles en cada una de dichas parcelas. Los datos se muestran a continuación:

```
> data(fertiliza)
> fertiliza
```

```
   treat volume
1     A0   12.2
2     A0   11.4
3     A0   12.4
4     A1   16.0
5     A1   15.5
6     A1   16.5
7     A2   18.6
8     A2   20.2
9     A2   18.2
10    A3   17.6
11    A3   19.3
12    A3   17.1
13    A4   18.0
14    A4   16.4
15    A4   16.4
```

Es importante verificar que la variable `treat` es categórica, lo cual es necesario para poder ajustar un modelo ANOVA.

```
> is.factor(fertiliza$treat)
  [1] TRUE
```

8.2.1 Describiendo los datos

Se calcula a continuación, la media y desviación estándar muestral para cada grupo (o tratamiento). Primero se calculará la media muestral por grupo y se asignarán esos valores a un objeto llamado `means.g`.

```
> means.g <- tapply(fertiliza$volume,fertiliza$treat,mean)
> means.g
    A0     A1     A2     A3     A4
12.000 16.000 19.000 18.000 16.933
```

Luego, la desviación estándar por grupo y se asignarán a un objeto llamado `sds.g`

```
> sds.g <- tapply(fertiliza$volume,fertiliza$treat,sd)
> sds.g
```

```
        A0          A1          A2          A3          A4
   0.52915  0.50000  1.05830  1.15326  0.92376
```

y, finalmente, al tamaño muestral por grupo se le asigna a un objeto llamado `ns.g`

```
> ns.g <- tapply(fertiliza$volume,fertiliza$treat,length)
> ns.g
  A0  A1  A2  A3  A4
   3   3   3   3   3
```

¿Cuáles y cuántos niveles tiene la variable predictora `treat`?. Esto se responde al usar la función `levels()`

```
> levels(fertiliza$treat) #cuales son las categorias?
[1] "A0" "A1" "A2" "A3" "A4"
> length(levels(fertiliza$treat))#cuantas categorias?
[1] 5
```

La figura 8.1 muestra la distribución de los datos obtenido por tratamiento, al ejecutar

```
> boxplot(fertiliza$volume ~fertiliza$treat, ylab="Volumen
total/parcela", xlab="Tratamiento")
```

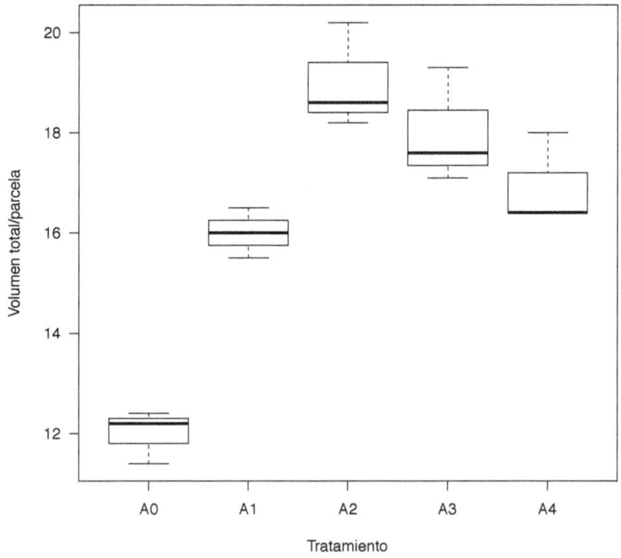

Figura 8.1: *Boxplot del volumen de árboles por parcela y de acuerdo al nivel de concentración de fertilizante aplicado a dicha parcela. Los datos provienen de la dataframe* `fertiliza` *del paquete* `datana`.

8.2.2 ANOVA

Un modelo de ANOVA es un modelo de regresión que emplea variables predictoras categóricas, y en ese plano, se ajusta mediante `lm()`

```
> m1 <- lm(volume ~ treat, data=fertiliza)
> m1
Call:
lm(formula = volume ~ treat, data = fertiliza)

Coefficients:
(Intercept)   treatA1      treatA2      treatA3      treatA4
12.00         4.00         7.00         6.00         4.93
> anova(m1) #solicita la tabla ANOVA
Analysis of Variance Table

Response: volume
          Df     Sum Sq     Mean Sq F value   Pr(>F)
treat      4      87.4       21.84    28.5  1.9e-05
Residuals 10       7.7        0.77
```

Así también es posible emplear la función aov() para ajustar modelos de ANOVA, lo cual facilitaría procesos posteriores en R (ver §8.3.2.4). Entonces el modelo se ajusta mediante

```
> m1.aov <- aov(volume ~ treat, data=fertiliza)
> m1.aov
Call:
   aov(formula = volume ~ treat, data = fertiliza)

   Terms:
                                    treat      Residuals
   Sum of Squares                  87.371      7.667
   Deg. of Freedom                      4         10

Residual standard error: 0.8756
Estimated effects may be unbalanced
> anova(m1.aov) #solicita la tabla ANOVA
Analysis of Variance Table

Response: volume
            Df       Sum Sq       Mean Sq F value    Pr(>F)
treat        4         87.4         21.84    28.5  1.9e-05
Residuals   10          7.7          0.77
```

Ambas funciones lm() y aov() darán los mismos resultados, y en general se prefiere emplear lm(), sin embargo, para ejecutar algunos análisis específicos podría resultar mejor emplear aov().

Los gráficos de diagnóstico para el modelo ajustado (Fig. 8.2) se obtienen mediante

```
> plot(m1)
```

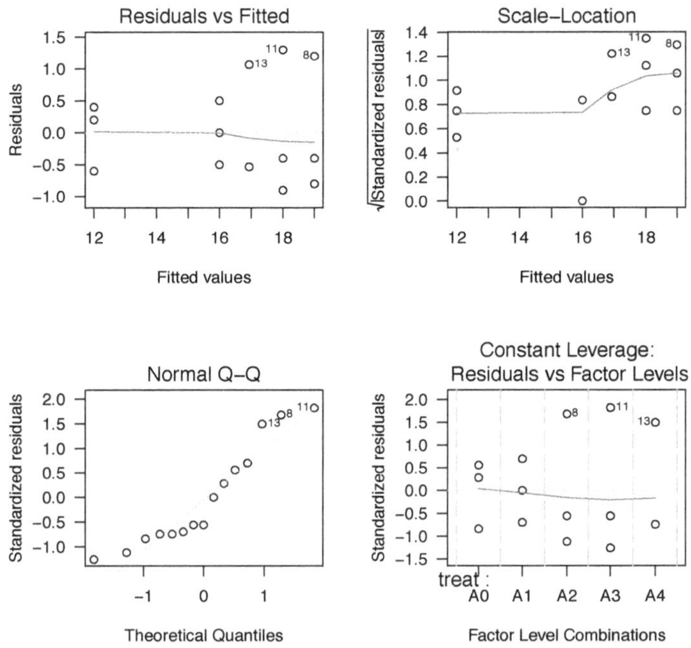

Figura 8.2: *Gráficos de diagnóstico para el modelo ANOVA ajustado* `m1`. *Los datos provienen de la dataframe* `fertiliza` *del paquete* `datana`.

Obteniendo los elementos de una tabla ANOVA:

Casi todos los elementos de una tabla ANOVA pueden ser requeridos, por ejemplo,

```
> deviance(m1) #sum cuadrados de los residuales
[1] 7.6667
> anova(m1)["Residuals", "Sum Sq"] #lo mismo anterior
[1] 7.6667
> anova(m1)[1, "Sum Sq"] #sum cuadrados de los tratamientos
[1] 87.371
> (summary(m1)$sigma)^2 #cuadrado medio del error (MSE)
[1] 0.76667
> df.residual(m1) #grados de libertad, residuales
[1] 10
> anova(m1)[, "Df"][1] #grados de libertad, tratamientos
[1] 4
> summary(m1)$fstatistic[1] #Valor del estadistico F
value
28.49
```

8.2.3 Distribución de los residuales

Un supuesto importante en el ajuste de modelos lineales estadísticos es que los residuos del modelo ajustado deben seguir una distribución descrita por la fdp de Gauss (o normal). Para averiguar si los residuos siguen una distribución, existen opciones gráficas como también pruebas analíticas. Al representar gráficamente los valores correspondientes a una distribución gaussiana teórica, dadas por una recta y puntos que representan los diferentes residuos de la distribución empírica o muestral, es posible visualizar que el ajuste es aceptable si los puntos están próximos a la recta y lo opuesto, cuanto más se alejen estos de la misma. La figura 8.3 muestra la distribución empírica de los residuales y la que debiera seguir si ellos provinieran de una distribución gaussiana. Dicha figura se obtiene con la siguiente sintaxis:

```
> fertiliza$resi <- m1$res #agregando los residuales a la dataframe
> qqnorm(fertiliza$resi, ylab = "Residuales")
> qqline(fertiliza$resi)
```

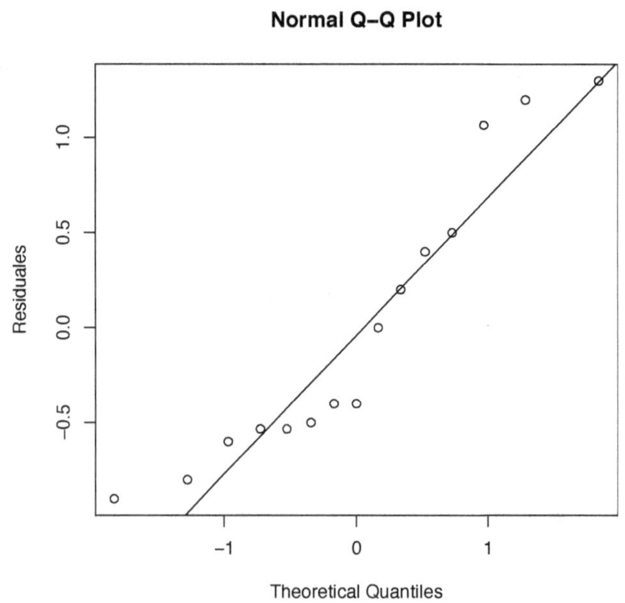

Figura 8.3: *Gráfico de probabilidad gaussiana, "Normal Q-Q plot", de los residuales del modelo* `m1`.

Respecto a las pruebas analíticas, particularmente se recomiendan las pruebas de bondad de ajuste de Shapiro-Wilk (S-W) y la de ajuste de Kolmogorov-Smirnov (K-S). La aplicacion de la prueba de S-W se muestra a continuación:

```
> shapiro.test(fertiliza$resi)
        Shapiro-Wilk normality test

  data:    fertiliza$resi
  W = 0.888, p-value = 0.063
```

La hipótesis nula de esta prueba es que los residuales se distribuyen según una fdp de Gauss. En caso que el valor-*P* es mayor que α (nivel de significancia) implica que no se tiene evidencia para rechazar la hipótesis nula.

8.2.4 Homocedasticidad de los residuales

Otro supuesto clave en el ajuste de modelos lineales estadísticos es que los residuos del modelo deben poseer varianza constante. Existen varias pruebas analíticas para evaluar el supuesto de igual varianza poblacional entre grupos. Acá se muestran dos pruebas: las de Levene y la de Bartlett.

La prueba de Levene (1960) ha demostrado ser bastante robusta, (e.g., en Lim & Loh 1996). Se utilizará la función `leveneTest()` del paquete `car` (Fox 2009), como se muestra acá:

```
> library(car)
> leveneTest(fertiliza$resi, fertiliza$treat)
Levene's Test for Homogeneity of Variance (center = median)
          Df   F value Pr(>F)
  group  4      0.2  0.93
         10
```

Debido a que el valor-*P* (0,9327) es grande, se puede inferir que no hay evidencia suficiente para rechazar la hipotesis nula de una varianza constante entre los residuales de diferentes categorías. Usando la misma función se puede modificar la prueba de Levene, al definir el empleo, por ejemplo, de la media en vez de la mediana, y que esta media sea calculada eliminando el 10 % de datos más extremos (*trimmed mean*), esto es, eliminando los datos 5 % más bajos y 5 % más altos. Esto se realiza mediante:

```
> leveneTest(fertiliza$resi, fertiliza$treat, center = "mean",trim = 0.1)
Levene's Test for Homogeneity of Variance (center = "mean": 0.1)
      Df F value Pr(>F)
group  4  1.5  0.28
      10
```

La prueba de Bartlett es más bien tradicional y está implementada en R mediante la función `bartlett.test()`,

```
> bartlett.test(fertiliza$resi, fertiliza$treat)
    Bartlett test of homogeneity of variances

  data:  fertiliza$resi and fertiliza$treat
  Bartlett's K-squared = 1.82, df = 4, p-value = 0.77
```

Con esta prueba se obtiene, en este caso, la misma conclusión que al emplear la prueba de Levene. Esto es debido a que el valor-*P* (0,7692) es grande, se infiere que no hay evidencia suficiente para rechazar la hipotesis nula de una varianza constante entre los residuales de diferentes categorías.

8.2.5 Gráficos de residuales

Previamente se asignaron los residuales crudos del modelo usando

```
> fertiliza$resi <- m1$res
```

Ahora se hará lo mismo, pero empleando otro tipo de residuales, los denominados estandarizados, con la función `stdres()`

```
> fertiliza$stdres <- stdres(m1)
```

La figura 8.4a muestra un boxplot de los residuales por cada nivel del factor en estudio, que se obtuvo mediante

```
> boxplot(fertiliza$stdres ~fertiliza$treat, ylab="Residual
estandarizado", xlab="Tratamiento", col="gray")
> abline(h=0,col='blue')
```

Para representar la relación entre los residuales estandarizados y los predichos, se necesita primero almacenar dichas predicciones en la dataframe empleando la función `fitted()`

```
> fertiliza$pred <- fitted(m1)
```

y realizar el gráfico (Fig. 8.4b) mediante:

```
> plot(fertiliza$stdres ~fertiliza$pred, ylab="Residual
estandarizado", xlab="Volumen predicho")
> abline(h=0,col='blue')
```

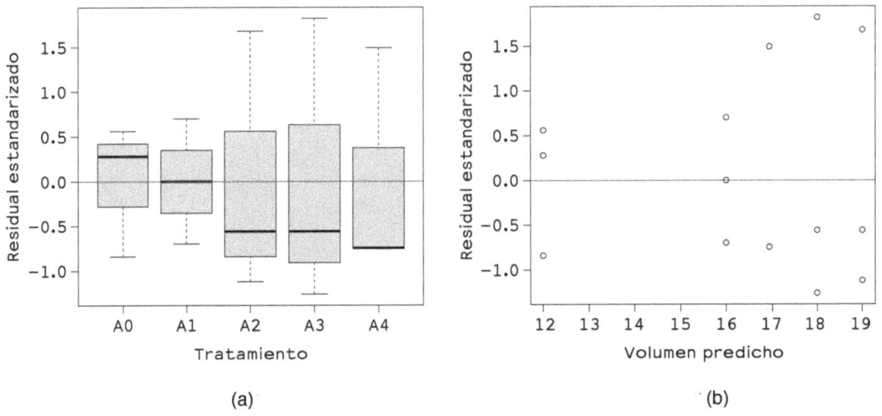

Figura 8.4: *(a) Boxplot de los residuales estandarizados del modelo ajustado* `m1` *por niveles del factor treat, y (b) gráfico de dispersión entre los residuales estandarizados y valores predichos para el mismo modelo.*

8.3 Comparaciones entre tratamientos

Una vez que se ha detectado que un factor posee un efecto significativo en la variable respuesta, la pregunta siguiente de un(a) investigador(a) es: ¿Cuál o cuáles categorías de ese factor produce el efecto significativo? Para responder a esta pregunta (y otras similares) se debe emplear algunas pruebas estadísticas que permitan establecer comparaciones entre las cuales primero se cuentan las simples comparaciones pareadas (o entre las medias de dos categorías), pruebas múltiples y contrastes. Todos estos se explican brevemente a continuación. No es el objetivo del presente libro detallar diferentes pruebas, pero acá se mencionan algunas de ellas y como se deben emplear en R.

8.3.1 Comparaciones pareadas

Se puede emplear la prueba *t* de observaciones pareadas entre todos los tratamientos. Para llevarla a cabo en R, la función `pairwise.t.test()` es apropiada como se muestra a continuación:

```
> pairwise.t.test(fertiliza$volume, fertiliza$treat, p.adjust="-
none",
                   pool.sd = T)
   Pairwise comparisons using t tests with pooled SD

   data:  fertiliza$volume and fertiliza$treat

           A0      A1      A2      A3
   A1  2e-04   -       -       -
   A2  2e-06   0.002   -       -
   A3  8e-06   0.019   0.192   -
   A4  4e-05   0.221   0.016   0.167

   P value adjustment method: none
```

Si se utiliza $\alpha = 0,05$ como nivel de significancia, se concluye que 7 de 10 pares de tratamientos son estadísticamente distintos.

8.3.2 Pruebas de comparación múltiple

Los valores-*P* de pruebas pareadas que son empleadas en forma múltiple, deben ser corregidos, ya que múltiples comparaciones afectan el error tipo I (Kuehl 2000), esto significa que el valor-*P* no es el mismo que uno estipula. Una solución a esto es emplear pruebas basadas en inferencia estadística simultánea, ya que esto da la mayor robustez inferencial. Estas pruebas, a diferencia de las anteriores, que son de carácter individual, consideran la naturaleza simúltanea de la inferencia, y son conocidas como pruebas de comparación múltiple.

Bonferroni

La prueba *t* de Bonferroni es una corrección a la prueba *t* anterior, y se aplica de la siguiente manera:

```
> pairwise.t.test(fertiliza$volume, fertiliza$treat,
                         p.adjust="bonferroni", pool.sd = T)
  Pairwise comparisons using t tests with pooled SD

  data:  fertiliza$volume and fertiliza$treat

        A0     A1     A2     A3
  A1  0.002    -      -      -
  A2  2e-05  0.018    -      -
  A3  8e-05  0.189  1.000    -
  A4  4e-04  1.000  0.161  1.000

  P value adjustment method: bonferroni
```

Compare con el resultado anterior, ahora solo 5 de 10 pares de comparaciones son estadísticamente significativas a un nivel del 5 %.

Scheffé

La prueba de Scheffé (1953) es para testear todas las posibles comparaciones. Es una prueba conservadora pero lidia con los problemas de las comparaciones pareadas entre tratamientos. La función a emplear es `scheffe.test()` del paquete `agricolae` (de Mendiburu 2010),

```
> library(agricolae)
> scheffe.test(m1.aov,"treat", group=TRUE, console=T)
  Study: m1.aov ~ "treat"

  Scheffe Test for volume

  Mean Square Error        : 0.76667

  treat,                   means
```

```
    volume        std r    Min   Max
A0  12.000    0.52915 3   11.4  12.4
A1  16.000    0.50000 3   15.5  16.5
A2  19.000    1.05830 3   18.2  20.2
A3  18.000    1.15326 3   17.1  19.3
A4  16.933    0.92376 3   16.4  18.0

Alpha: 0.05 ; DF Error: 10
Critical Value of F: 3.478

Minimum Significant Difference: 2.6666

Means with the same letter are not significantly different.

    volume  groups
A2  19.000       a
A3  18.000      ab
A4  16.933      ab
A1  16.000       b
A0  12.000       c
```

La salida de esta prueba entrega resultados primero sobre estadísticos descriptivos para cada tratamiento (media, desviación estándar, tamaño muestral, mínimo y máximo), así como la ordenación de mayor a menor de los tratamientos y las letras que identifican cuáles de estos son estadísticamente significativos. Esta forma de presentar los resultados se utiliza mucho en diseños de experimentos (Kuehl 2000). El nivel de significancia (α) es por defecto 0.05, sin embargo, se puede modificar al incluir la opción `alpha` en la función `scheffe.test()`.

Ejercicio 8.1 Respecto a los resultados de las diferencias entre tratamientos recientemente obtenidos (prueba de Scheffe), compárelos con aquellos basados al emplear un nivel de significancia de 0,1 y de 0,01, respectivamente.

Dunnett
En muchos experimentos uno de los tratamientos actúa como control. Una prueba simultánea de comparación múltiple apropiada para esto es la de Dunnet. Dicha prueba esta implementada en la función `glht()`, *general linear hypotheses*, del paquete `multcomp`,

```
> require(multcomp) #cargar el paquete 'multcomp'
> dun.out <- glht(m1.aov, linfct = mcp(treat = "Dunnett"))
> confint(dun.out, level = 0.95)
   Simultaneous Confidence Intervals

Multiple Comparisons of Means: Dunnett Contrasts

Fit: aov(formula = volume ~ treat, data = fertiliza)

Quantile = 2.891
95% family-wise confidence level

   Linear Hypotheses:
                Estimate  lwr    upr
A1 - A0 == 0 4.000      1.933 6.067
A2 - A0 == 0 7.000      4.933 9.067
A3 - A0 == 0 6.000      3.933 8.067
A4 - A0 == 0 4.933      2.866 7.000
```

Note que la función considera a "A0" como la categoría de "control" debido a que es numéricamente (o alfabéticamente si tiene niveles con letras) el primer nivel. Para detectar comparaciones estadísticamente significativas, se debe encontrar intervalos de confianza que no incluyan al 0 (i.e., ambos signos son los mismos). Siguiendo esta regla, se observa que todas las comparaciones son estadísticamente significativas al 95 % de confianza.

Tukey
Una prueba de comparación pareada de todos los tratamientos que controla el tipo de error I, es la diferencia "honesta" significativa de Tukey (HSD) (*Tukey's honest significant difference*). Esta prueba se puede implementar en diferentes formas en R. Se revisa la que el autor considera más sencilla y también dando las salidas que la mayoría de los usuarios requieren. Sin embargo, también es posible usar otras funciones , e.g., `glht()` en el paquete `multcomp` (Hothorn

et al. 2008). Acá se muestra el uso de la función `TukeyHSD()` que se encuentra como parte del paquete base de R

```
> m1.tukey    <- TukeyHSD(m1.aov)
> m1.tukey
  Tukey multiple comparisons of means
    95% family-wise confidence level

Fit: aov(formula = volume ~ treat, data = fertiliza)

$treat
             diff        lwr       upr     p adj
 A1-A0    4.00000    1.64714   6.35286   0.00166
 A2-A0    7.00000    4.64714   9.35286   0.00001
 A3-A0    6.00000    3.64714   8.35286   0.00006
 A4-A0    4.93333    2.58047   7.28619   0.00031
 A2-A1    3.00000    0.64714   5.35286   0.01240
 A3-A1    2.00000   -0.35286   4.35286   0.10685
 A4-A1    0.93333   -1.41953   3.28619   0.69424
 A3-A2   -1.00000   -3.35286   1.35286   0.64183
 A4-A2   -2.06667   -4.41953   0.28619   0.09272
 A4-A3   -1.06667   -3.41953   1.28619   0.58908
```

Un gráfico de los intervalos confidenciales de todas las posibles comparaciones (Fig. 8.5) mostradas en la salida anterior se obtiene con la siguiente sintaxis:

```
> plot(m1.tukey, las=1)
```

8.3.3 Contrastes

Los contrastes son construidos para comparar más específicamente algunos tratamientos o grupos. Por ejemplo, asumiendo que los tratamientos A_1 y A_2 son fertilizantes tradicionales mientras que los tratamientos A_3 y A_4 son biofertilizantes, y es de interés puntualmente comparar si la aplicación de fertilizantes tradicionales producen un valor esperado mayor en volumen de árboles que cuando se aplican biofertilizantes. Una forma de resolver esto es mediante un contraste de este tipo:

$$C_1 = \frac{1}{2}(\mu_1 + \mu_2) - \frac{1}{2}(\mu_3 + \mu_4) \tag{8.2}$$

donde, C_1 es el contraste, μ_1 es la media poblacional de la variable volumen para el tratamiento A_1, μ_2 es la media poblacional de la variable volumen para el tratamiento A_2, y así hasta μ_4 para el tratamiento A_4.

Los contrastes se estiman empleando la media y varianza muestral, y el tamaño muestral de cada grupo, y la varianza de los residuales obtenida en el modelo ajustado. Existen más aspectos teóricos respectos a los contrastes, pero el presente libro solo se centra en mostrar su aplicación.

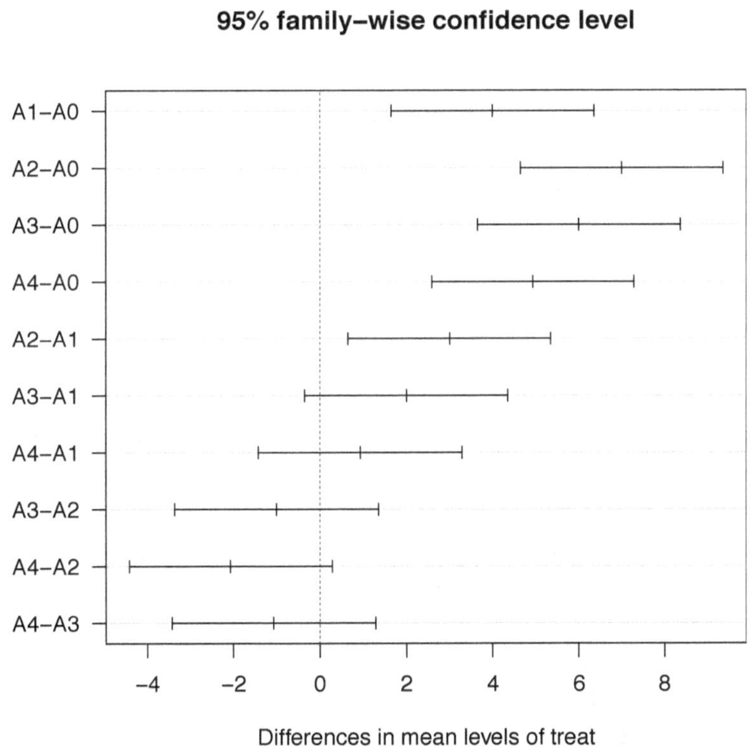

Figura 8.5: *Intervalos de confiaza (95 %) para la prueba de comparación múltiple de Tukey. Si el intervalo de confianza no incluye el valor de 0, implicaría evidencia para rechazar la hipótesis nula de igualdad de medias poblacionales entre los tratamientos siendo evaluados a un nivel de significancia del 5 %.*

Para ejemplificar el uso de los contrastes se ha creado una función en R llamada `my.contrast()` que permite aplicar contrastes dado un modelo de ANOVA ajustado (asignado a un objeto), y la media, varianza, y tamaño muestral de cada grupo o tratamiento. La función, almacenada en el archivo `mycontrast.R`, se puede descargar desde el sitio web del libro y guardarla en la carpeta de trabajo. Primero se carga la función `my.contrast()` que se encuentra definida en el archivo `mycontrast.R`

```
> #cargando el archivo "mycontrast.R"
> source("mycontrast.R")
```

La función `my.contrast()` posee la siguiente estructura

```
> my.contrast(m1,C1.coeff,means.g,ns.g,alpha,full)
```

donde `m1` es el modelo ajustado; `C1.coeff` son el set de coeficientes del contraste (ellos deben sumar a 1); `means.g` es un vector con la media muestral de cada nivel; `ns.g` es un vector con el tamaño muestral de cada nivel; `alpha` es el nivel de significancia que se usará; y `full` es un número que cuando toma el valor de 1 provoca que el output sea más detallado que cuando toma el valor de 0.

Tanto la media como el tamaño muestral ya fueron asignados a objetos en §8.2.1. Se ocupará un nivel de significancia estadístico de 5%.

```
> alpha <- 0.05 #especificando el nivel de significancia
```

y ahora se definen los contrastes. Note que una condición para establecer contrastes es que la suma de los coeficientes que los representan debe ser cero.

```
> # Coeficientes a ser usados para los contrastes
> #c1: (tmoA1-A2) - (tmoA3-A4)
> C1.coeff <- c(0,1,1,-1,-1)
> #c2: tmoA2-tmoA3
> C2.coeff <- c(0,0,1,-1,0)
> #c3: el testigo, en contra de todos los otros
> C3.coeff <- c(1,-0.25,-0.25,-0.25,-0.25)
```

El contraste `C1.coeff` está expresado en Ec. 8.2, mientras que los contrastes `C2.coeff` y `C3.coeff` se representan en las siguientes expresiones, respectivamente.

$$C_2 = \mu_2 - \mu_3 \tag{8.3}$$

$$C_3 = \mu_0 - \frac{1}{4}(\mu_1 + \mu_2 + \mu_3 + \mu_4) \quad (8.4)$$

Una vez que se han definido los contrastes, se aplica la función `my.contrast()`

```
> c1.out <- my.contrast(m1,C1.coeff,means.g,ns.g,alpha,0)
> c2.out <- my.contrast(m1,C2.coeff,means.g,ns.g,alpha,0)
> c3.out <- my.contrast(m1,C3.coeff,means.g,ns.g,alpha,0)
```

y se prepara la salida

```
> table.cont.out=rbind(c1.out,c2.out,c3.out)
> table.cont.out=round(table.cont.out,4)
> table.cont.out=data.frame(table.cont.out,row.names=NULL)
```

El valor estimado para el contraste, su error estándar y valor-*P* aparece en la siguiente tabla

```
> table.cont.out
  Est.Contrast  SE.Cont  p.value
1       0.0667   1.0111   0.9487
2       1.0000   0.7149   0.1921
3      -5.4833   0.5652   0.0000
```

o bien en una forma más ordenada y completa (al definir en la función `my.contrast()` la opción `full` igual a 1 y no 0) en el cuadro 8.1.

Cuadro 8.1: *Estadísticos de contrastes para diferentes comparaciones entre tratamientos basados en el modelo ajustado* `m1`. *Intervalos de confianza para cada contraste estimado al 5 % de significancia. Para cada contraste se detalla: el valor del contraste estimado, su error estándar, intervalo de confianza, y valor P.*

Contraste	Est.Contrast	SE.Cont	Lower.bound.Cont	Upper.bound.Cont	p.value
C1	0,0667	1,0111	-2,1861	2,3194	0,9487
C2	1,0000	0,7149	-0,5929	2,5929	0,1921
C3	-5,4833	0,5652	-6,7427	-4,2240	0,0000

Los contrastes estimados sugieren que no existen diferencias estadísticamente significativas al comparar la media del volumen de los árboles que recibieron fertilizantes tradicionales con los biofertilizantes (contraste 1, Eq. 8.2), ni tampoco entre los dos tratamientos que producen mayor volumen de los árboles (contraste 2, Eq. 8.3). Por otra parte aplicar cualquier tipo de fertilizante, e independiente de su dosis, produce un mayor volumen de árboles que al no aplicar fertilizante (contraste 3, Eq. 8.4).

> **Box 36 Cargar un script a una sesión.**
> La función `source()` permite cargar un script de R completo a una sesión, es decir, equivale a copiar desde el archivo todo el script y luego pegarlo en la consola. Esto es muy útil cuando se prefiere evitar correr línea por línea un script.

8.4 Dos o más factores: Experimento factorial

El modelo estadístico de un experimento factorial en un diseño completamente aleatorizado es el siguiente:

$$y_{ijk} = \mu + \alpha_i + \beta_j + + (\alpha\beta)_{ij} + \epsilon_{ijk}, \tag{8.5}$$

donde y_{ijk} es la variable respuesta para la k-ésima unidad experimental en el i-ésimo nivel del factor A y el j-ésimo nivel del factor B; μ es la media poblacional; α_i es la desviación de la media poblacional debido al i-ésimo tratamiento del factor A; β_j es la desviación de la media poblacional debido al j-ésimo tratamiento del factor A; $(\alpha\beta)_{ij}$ es la desviación de la media poblacional debido al tratamiento combinado en el i-ésimo nivel de A y del j-ésimo nivel de B; y ϵ_{ijk} es un error aleatorio Gaussiano con media 0 y varianza σ^2_ϵ. Aquí $i = 1, 2, ..., a$ donde a representa el número de tratamientos o niveles del factor A, $j = 1, 2, ...,$ b donde b representa el número de tratamientos o niveles del factor B, y $k = 1, 2, ..., r$ donde r es el número de réplicas.

Se procederá en forma similar a lo realizado en la sección §8.2. Se utilizarán los datos de la dataframe `sludge` del paquete `datana`, en donde la variable respuesta es la concentración de Zinc, y los factores en estudio son ciudad y tasa de concentración de lodos.

```
> data(zinc)
```

Las primeras seis observaciones y el número total de observaciones se obtienen mediante

```
> data(sludge)
> head(sludge)
    ciudad      tasa     zinc    trt.comb
1        A       0.5     26.4          11
2        A       0.5     23.5          11
3        A       0.5     25.4          11
4        A       0.5     22.9          11
5        A       1.0     25.2          12
6        A       1.0     39.2          12

> nrow(sludge)
[1] 36
```

Para estar seguros de que las columnas `ciudad` y `tasa` son variables categóricas para R, se procede mediante

```
> is.factor(sludge$ciudad) #es esto un factor?
[1] FALSE
> sludge$ciudad <- as.factor(sludge$ciudad) #forzandolo a ser un
factor
> is.factor(sludge$tasa) #es esto un factor?
[1] FALSE
> sludge$tasa <- as.factor(sludge$tasa) #forzandolo a ser un factor
> is.factor(sludge$tasa) #y ahora?
[1] TRUE
> sludge$trt.comb <- as.factor(sludge$trt.comb)
> is.factor(sludge$trt.comb) #es esto un factor?
[1] TRUE
```

8.4.1 Describiendo los datos

¿Cuáles y cuántos niveles tienen las variables predictoras o factores `ciudad` y `tasa`? esto se puede responder al usar la función `levels()`

```
> levels(sludge$ciudad) #cuales son las categorias?
[1] "A" "B" "C"
> length(levels(sludge$ciudad))#cuantas categorias?
[1] 3
> levels(sludge$tasa) #cuales son las categorias?
[1] "0.5" "1" "1.5"
> length(levels(sludge$tasa))#cuantas categorias?
[1] 3
```

Entonces, se tiene un experimento con dos factores (i.e., ciudad y tasa) y cada uno de ellos tiene 3 niveles, por lo tanto, denominándose un experimento factorial de 3 × 3. La figura 8.6 muestra el boxplot de los datos obtenido mediante

```
> boxplot(sludge$zinc ~ sludge$ciudad, ylab="Zinc",  xlab="Ciudad")#-
Fig a
> boxplot(sludge$zinc ~ sludge$tasa, ylab="Zinc",  xlab="Tasa") #Fig
b
```

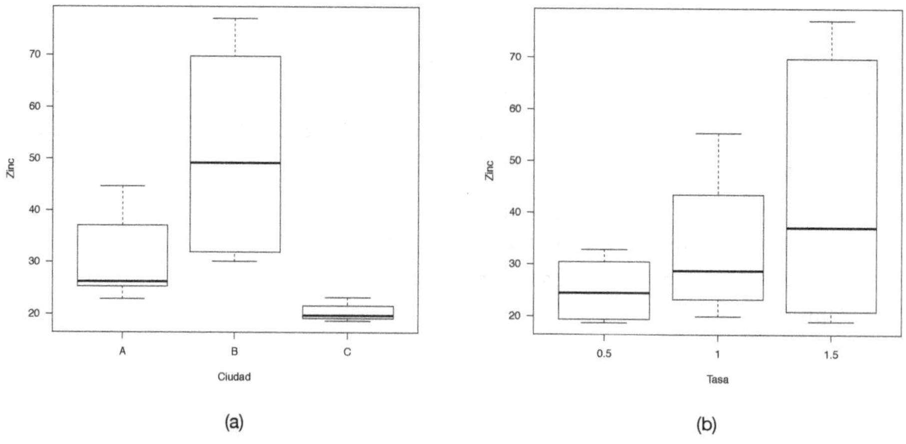

Figura 8.6: *Boxplot de la variable respuesta Zinc para cada uno de los niveles de los factores ciudad (a) y tasa (b). Los datos provienen de la dataframe* `sludge`.

Las medias muestrales de la variable respuesta de acuerdo a la combinación de niveles de factores se obtiene con la siguiente sintaxis

```
> medias.treat <- tapply(sludge$zinc, list(sludge$ciudad,
sludge$tasa), mean)
> medias.treat

       0.5      1     1.5
A  24.550  30.45  36.175
B  31.175  48.20  72.600
C  19.100  21.90  20.050
```

En las filas de esta tabla (que se ha guardado en el objeto `medias.treat`) se leen los niveles del factor `ciudad`. El encabezado de las columnas son los niveles del factor `tasa`. Cada celda representa la media muestral de las observaciones dentro de la combinación correspondiente de `ciudad` y `tasa`.

De las misma manera, es posible calcular las desviaciones estándar

```
> sd.treat <- tapply(sludge$zinc, list(sludge$ciudad, sludge$tasa), sd)
> sd.treat
      0.5      1    1.5
A 1.62993 6.6013 7.7642
B 1.15000 6.8245 3.7229
C 0.31623 1.6062 1.2923
```

Una característica fundamental en un experimento factorial es evaluar las interacciones entre los factores en estudio. Para esto, es clave realizar un gráfico de interacción, también denominado "gráfico de perfil" de la variable respuesta versus un factor en el eje X, y el otro como líneas en ese plano.

Se ocupará para esto la función `interaction.plot()` como se muestra a continuación en los gráficos de interacción en la figura 8.7. Es relevante notar cómo en esta figura se aprecia lo diferente que pueden lucir los mismos datos, pero en gráficos que representan diferentes aspectos de estos.

```
> # Factor ciudad en el eje-X
> interaction.plot(sludge$ciudad, sludge$tasa, sludge$zinc,
                   xlab="Ciudad", ylab="Zinc",trace.label="Tasa",
                   col = 2:4,lwd=3)
> # Factor tasa en el eje-X
> interaction.plot(sludge$tasa, sludge$ciudad, sludge$zinc,
                   xlab="Tasa", ylab="Zinc",trace.label="Ciudad",
                   col = 2:4,lwd=3)
```

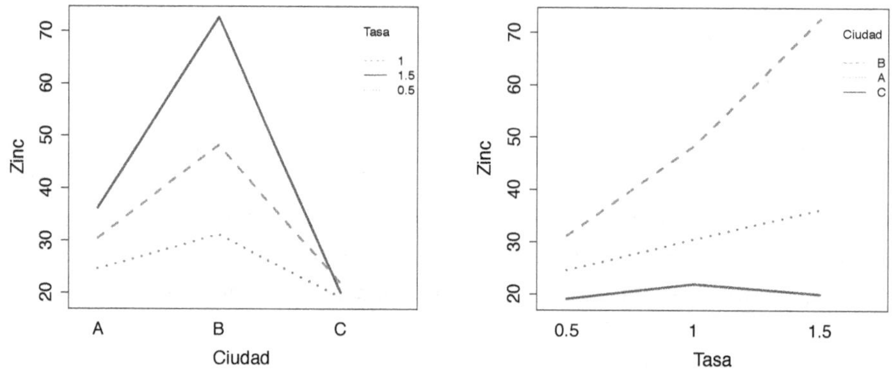

a b

Figura 8.7: *Gráficos de interacción de las medias muestrales de Zinc para cada combinación de los niveles de Ciudad y Tasa. Los datos provienen de la dataframe* `sludge` *del paquete* `datana`.

El modelo de dos factores completos (i.e., considerando interacción) se ajusta mediante

```
> m2 <- lm(zinc ~ ciudad * tasa, data = sludge)
```

Un cuadro tradicional del modelo ajustado, donde se resumen las varianzas por cada fuente de variación, se obtiene mediante

```
> anova(m2)
Analysis of Variance Table

 Response: zinc
             Df   Sum Sq  Mean Sq   F  value      Pr(>F)
ciudad        2     5721     2860      149.1     2.6e-15
tasa          2     1945      973       50.7     7.2e-10
ciudad:tasa   4     1809      452       23.6     1.8e-08
Residuals    27      518       19
```

Box 37 **Suma de cuadrados tipo III.**
Note que debido a que el experimento es balanceado, la suma de cuadrados tipo I y tipo III son la misma. En otro caso, la suma de cuadrados tipo III se obtiene en R empleando

```
> drop1(m2,~.,test='F')
```

o al ajustar el modelo usando la función `glm()`, en vez de `lm()`, empleando

```
> glm2 <- glm (zinc ~ ciudad*tasa, data=sludge)
```

y luego solicitando

```
> Anova(glm2, type="III")
```

Todas las medias se pueden calcular para el modelo factorial ajustado, a través de

```
> aov.m2 <- aov(zinc ~ ciudad*tasa, data=sludge)
> print(model.tables(aov.m2,"means"),digits=3)
Tables of means
Grand mean

33.8

ciudad
ciudad
   A     B     C
30.4  50.7  20.4

  tasa
tasa
  0.5      1    1.5
24.9  33.5  42.9
ciudad:tasa
        tasa
```

```
ciudad 0.5  1    1.5
     A 24.5 30.5 36.2
     B 31.2 48.2 72.6
     C 19.1 21.9 20.1
> print(model.tables(aov.m2,"effects"),digits=3)
 Tables of effects

 ciudad
 ciudad
     A      B       C
 -3.41  16.86  -13.45

   tasa
 tasa
  0.5      1   1.5
-8.86  -0.28  9.14

 ciudad:tasa
       tasa
ciudad     0.5      1     1.5
     A    3.02   0.34   -3.36
     B  -10.62  -2.18   12.80
     C    7.61   1.83   -9.44
```

Los gráficos de diagnóstico del modelo ajustado `m2` se obtienen con

```
> plot(m2)
```

y se muestran en la figura 8.8.

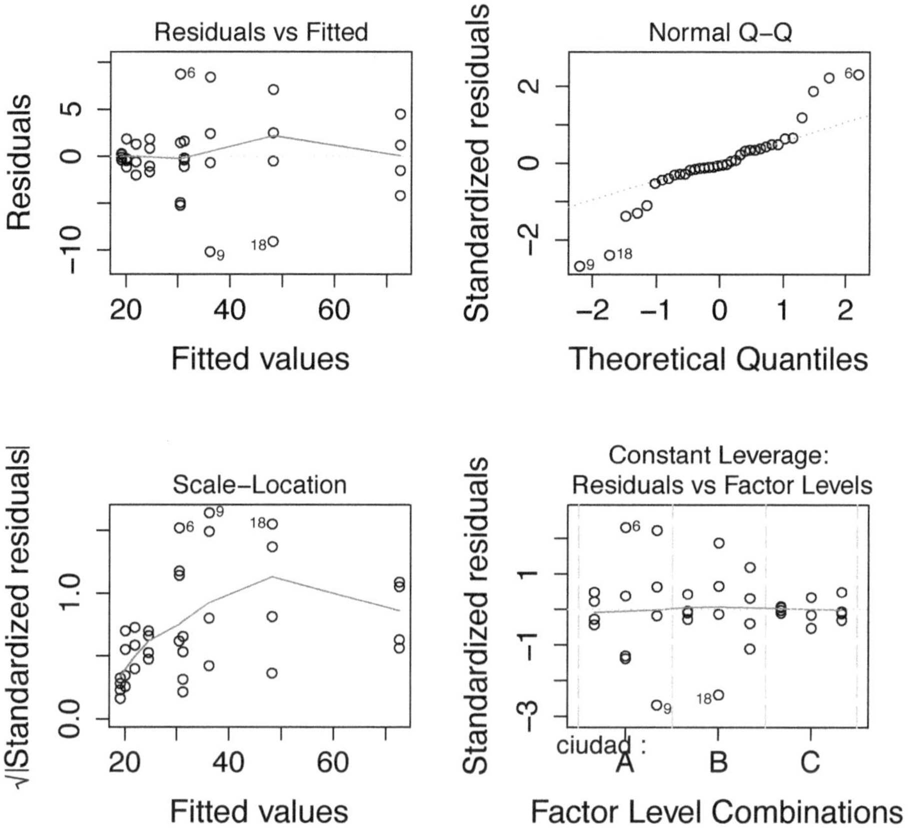

Figura 8.8: *Gráficos de diagnóstico para el modelo factorial ajustado (*`m2`*), empleando los datos* `sludge`.

Epílogo

Este libro ha tenido tres objetivos principales. El primero ha sido introducir a un usuario, sin conocimiento previo, al mundo de R, desde su instalación hasta la estructura de su sintaxis y clases de objetos. El segundo, se ha centrado en detallar paso a paso cómo realizar la exploración de datos, desde la lectura de ellos en diferentes formatos, modificación, creación de variables y la confección de diversos tipos de gráficos. Finalmente, el tercero trata sobre el ajuste de modelos de regresión lineales (simples y múltiples) considerando variables predictoras continuas y categóricas. Dentro de estos últimos se ha mostrado también el uso de modelos en el análisis de experimentos. Otro objetivo implícito al escribir la presente obra ha sido incluir diferentes disciplinas en el contexto del análisis de datos y ajuste de modelos estadísticos. Por lo mismo, se han utilizado datos como ejemplos de diversas materias, para demostrar a los usuarios la relevancia del manejo de un software como R en su quehacer.

Una conclusión valiosa de la obra es el rol preponderante que el análisis de datos y los modelos estadísticos cumplen en varias disciplinas. Tanto para la toma de decisiones, como también para el entendimiento científico de procesos. Por ejemplo, la reciente pandemia del COVID-19 ha relevado la necesidad de: (a) contar con datos suficientes, (b) explorar dichos datos, y (c) desarrollar modelos predictivos que permitan a los tomadores de decisiones y científicos contar con herramientas cuantitativas en las cuales sustentar sus directrices para el bien de la población. Todos estos temas han sido tratados acá, obviamente a un nivel introductorio, no obstante, con la posibilidad cierta de que a partir del conocimiento aquí generado, es posible profundizar en diferentes nuevas técnicas de análisis de datos, así como en la construcción de modelos más complejos capaces de emular de mejor manera a la realidad. En este ámbito, el estudio de temáticas como regresión logística, modelos no-lineales, análisis multivariante, modelos de efectos mixtos, y análisis espacial son, sin lugar a dudas, atractivos para ser considerados en futuros trabajos.

La investigación y la ciencia avanzan más rápido y eficientemente al potenciar la colaboración entre las personas que son responsables de los análisis realizados en una gran gama de disciplinas. Es por esto que aprender, y/o fomentar el mayor uso de R, un software gratuito y libre, debiera sin duda alguna contribuir a una mayor fluidez de métodos y modelos empleados, y mejora de estos. Lo anterior está basado en la gran comunidad de usuarios de R en todo el mundo. Sobre el particular, tal y como se mencionó en el prólogo, estaría muy agradecido de recibir mensajes indicando errores y sugerencias; la fe de erratas será publicada en el sitio web del libro `www.eljatib.com/rlibro`.

Bibliografía

Anscombe F. J. (1973). Graphs in statistical analysis. *The American Statistician* 27(1): 17–21.

Baddeley A. & R. Turner (2005). `spatstat`: An R package for analyzing spatial point patterns. *Journal of Statistical Software* 12(6): 1–42.

Canavos G. C. (1988). Probabilidad y Estadística. Aplicaciones y Métodos. McGraw-Hill, México, D.F., México. 651 p.

De Mendiburu F. (2010). `agricolae`: Statistical procedures for agricultural research. `http://CRAN.R-project.org/package=agricolae`. R package version 1.0-9.

Evans J. A. & J. Reimer (2009). Open access and global participation in science. *Science* 323: 1025.

Fox J. (2009). `car`: Companion to applied regression. `http://CRAN.R-project.org/package=car`. R package version 1.2-16.

Gregoire T. G. & C. Salas (2009). Ratio estimation with measurement error in the auxiliary variate. *Biometrics* 65(2): 590–598.

Grossman Y. L., S. L. Ustin, S. Jacquemoud, E. W. Sanderson, G. Schmuck & J. Verdebout (1996). Critique of stepwise multiple linear regression for the extraction of leaf biochemistry information from leaf reflectance data. *Remote Sensing of Environment* 56: 182–193.

Hornik K. (2008). The R FAQ. URL `http://CRAN.R-project.org/doc/FAQ/R-FAQ.html`. ISBN 3-900051-08-9.

Hothorn T., F. Bretz & P Westfall (2008). Simultaneous inference in general parametric models. *Biometrical Journal* 50(3): 346–363.

Ihaka R. & R. Gentleman (1996). R: A language for data analysis and graphics. *J. of Computational and Graphical Statistics* 5(3): 299–314.

Ince D. C., L. Hatton & J. Graham-Cumming (2012). The case for open computer programs. *Nature* 482: 485–488.

Kuehl R. O. (2000). Design of Experiments: Statistical Principles of Research Desing and Analysis. 2nd edition. Duxbury, Pacific Grove, CA, EEUU. 666 p.

Levene H. (1960). Robust tests for equality of variances. *In* Olkin I., S. G. Ghurye, W. Hoeffding, W. G. Madow & HB Mann (Eds.) Contributions to Probability and Statistics. Stanford University Press, Stanford, CA, EEUU, p. 278–292.

Lim T. S. & W. Y. Loh (1996). A comparison of tests of equality of variances. *Computational Statistics & Data Analisis* 22(3): 287–301.

Maddala G. S. (1996). Introducción a la Econometría. Prentice-Hall Hispanoamericana, S.A., México D.F., México. 715 p.

Murrel P. (2018). R Graphics. 3ra edición. CRC Press, Boca Raton, FL, EEUU. 381 p.

Pinheiro J., D. Bates, S. DebRoy, D. Sarkar & R Core Team (2021). `nlme`: Linear and Nonlinear Mixed Effects Models. `https://CRAN.R-project.org/package=nlme`. R package version 3.1-152.

Pinheiro J. C. & D. M. Bates (2000). Mixed-effects Models in S and Splus. Springer-Verlag, New York, EEUU. 528 p.

R Core Team (2020). R: A language and environment for statistical computing. R Foundation for Statistical Computing, Vienna, Austria. `http://www.R-project.org`.

Richards F. J. (1959). A flexible growth function for empirical use. *J. of Experimental Botany* 10(29): 290–300.

Rodgers J. L. & W. A. Nicewander (1988). Thirteen ways to look at the correlation coefficient. *The American Statistician* 42(1): 59–66.

RStudio Team (2020). RStudio: Integrated Development for R. RStudio, PBC, Boston, MA, EEUU. `http://www.rstudio.com`.

Salas C. (2002). Ajuste y validación de ecuaciones de volumen para un relicto del bosque de roble-laurel-lingue. *Bosque* 23(2): 81–92.

Salas C. (2008). ¿Por qué comprar un programa estadístico si existe R? *Ecología Austral* 18(2): 223–231.

Salas C., V. LeMay, P. Núñez, P. Pacheco & A. Espinosa (2006). Spatial patterns in an old-growth *Nothofagus obliqua* forest in south-central Chile. *For. Ecol. Manage.* 231(1-3): 38–46.

Salas-Eljatib C., A. Fuentes-Ramírez, T. G. Gregoire, A. Altamirano & V. Yaitul (2018). A study on the effects of unbalanced data when fitting logistic regression models in ecology. *Ecological Indicators* 85: 502–508.

Salas-Eljatib C., J. Riquelme & N. Pino (2021). `datana`: Data and functions to accompany Análisis de datos con el programa estadístico R: una introducción aplicada. R package version 1.0-1.

Salas-Eljatib C. & A. R. Weiskittel (2018). Evaluation of modeling strategies for assessing self-thinning behavior and carrying capacity. *Ecology and Evolution* 8(22): 10768–10779.

Schabenberger O. & C. A. Gotway (2005). Statistical Methods for Spatial Data Analysis. Chapman & Hall/CRC, Boca Raton, FL, EEUU. 512 p. [76]

Scheffé H. (1953). A method for judging all contrasts in the analysis of variance. *Biometrika* 40: 87–104.

Soetaert K., T. Petzoldt & RW Setzer (2010). Solving differential equations in R: Package `desolve`. *Journal of Statistical Software* 33(9): 1–25.

Soto D. P., P. J. Donoso, C. Salas & K. J. Puettmann (2015). Light availability and soil compaction influence the growth of underplanted *Nothofagus* following partial shelterwood harvest and soil scarification. *Can. J. For. Res.* 45: 998–1005.

Thompson B. (1995). Stepwise regression and stepwise discriminant analysis need not apply here: A guidelines editorial. *Educational and Psychological Measurement* 55(4): 525–534.

Von Bertalanffy L. (1949). Problems of organic growth. *Nature* 163: 156–158.

Warnes G. R., B. Bolker, G. Gorjanc, G. Grothendieck, A. Korosec, T. Lumley, D. MacQueen, A. Magnusson, J. Rogers *et al.* (2017). `gdata`: Various R Programming Tools for Data Manipulation. URL `https://CRAN.R-project.org/package=gdata`. R package version 2.18.0.

Weisberg S. (2013). Applied Linear Regression. 4ta edición. Wiley-Interscience, EEUU. 368 p.

Wickham H. (2009). ggplot2: elegant graphics for data analysis. 2nd edition. Springer, New York, EEUU. 212 p.

Wickham H., R. Francois, L Henry & K Müller (2020). dplyr: A Grammar of data manipulation. `https://CRAN.R-project.org/package=dplyr`. R package version 1.0.2.

A. GUIs para R

Aunque las GUIs no son necesarias para trabajar en R, es preferible una interacción eficiente con R. A continuación se indican algunas GUIs que permiten editar códigos de R, así como también ejecutarlos. Naturalmente, esto requiere que primero se instale R y luego la GUI deseada.

RStudio, `www.rstudio.com`
Excelente GUI para trabajar en R. Posee buenas características pues, por ejemplo, ordena de inmediato en una subpantalla los gráficos y en otro los objetos que se emplean en una sesión. Funciona muy bien en todos los sistemas operativos. Altamente recomendado.

RKWard, `https://rkward.kde.org`
Una excelente interfaz de uso bastante intuitivo que permite un trabajo armonioso en R, y funciona especialmente bien en Linux.

Emacs + ESS, `http://ess.r-project.org/`
Emacs es un editor tremendamente versátil, muy usado para programación computacional, y ESS (ESS: "Emacs Speaks Statistics") es un programa (o "modo") que permite activar en Emacs el uso directo de R. Recomendado para usuarios avanzados en computación.

Para aquellos usuarios que no se encuentran muy familiarizados con comandos, las siguientes GUIs pueden ser útiles. No obstante, y tal como he expresado, el mayor potencial de análisis en R es justamente poder escribir los comandos.

R commander, `https://cran.r-project.org/package=Rcmdr`
Transforma R en un software de menús y cliqueo.

Rattle, `https://rattle.togaware.com`
Una interesante GUI que se ejecuta directamente desde R, al simplemente cargar la librería y luego tipear `rattle()` en la consola.

B. La función attach

Si Ud. prefiere evitar el tipear el nombre de la dataframe cada vez que se grafica o crean variables[31], se puede usar la función `attach`, la cual permite trabajar con las variables (i.e., columnas en la dataframe) simplemente al tipear sus nombres. Aquí un ejemplo con la dataframe `idahohd` del paquete `datana`.

```
> library(datana)
> data(idahohd)
> attach(idahohd)
```

Ahora, automáticamente cada columna de la dataframe `idahohd`, está disponible por sí sola (es decir, sin necesidad de especificar a qué dataframe pertenece) en el espacio de trabajo de R. De esta forma, se puede solicitar una estadística descriptiva de una variable al simplemente tipear

```
> summary(dbh)
Min.    1st Qu.     Median        Mean    3rd Qu.       Max.
 100        230        338         366        464       1120
```

en vez de

```
> summary(idahohd$dbh)
Min.    1st Qu.     Median        Mean    3rd Qu.       Max.
 100        230        338         366        464       1120
```

31 Aunque esta opción podría ser de interés para algunos usuarios, no la recomiendo. Sin embargo, una buena característica de la programación computacional es que existen diferentes maneras de alcanzar el análisis que un usuario necesita.

De la misma manera se produce un gráfico de dispersión empleando el nombre de las variables sin hacer referencia a la dataframe,

```
> plot(height~dbh)
```

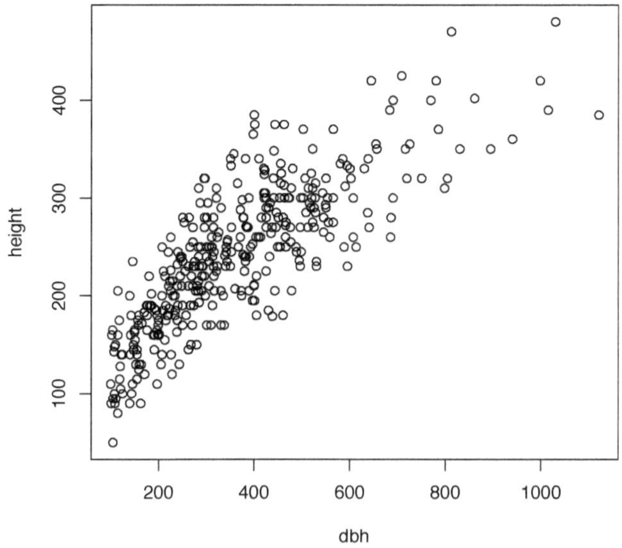

Figura B.1: *Gráfico de dispersión entre la altura y el diámetro de la dataframe* idahoh *usando la función* attach.

Anteriormente se mostró que este mismo gráfico se obtiene con

```
> plot(height~dbh, data=idahohd)
```

Finalmente, la función `detach` detiene a la función `attach` para una dataframe en una sesión,

```
> detach("idahohd")
```

C. Símbolos especiales

En cada curso que he dictado, y con el aumento de diversos sistemas operativos y personalizaciones de cada computador, he encontrado que ciertos símbolos necesarios en algunas sintaxis de R son, a veces, complejos de reproducir. En consecuencia, a continuación se entregan un par de ejemplos mediante el cliqueo combinado de teclas para obtenerlos.

- Para obtener ~ presione la tecla Alt y 126 al mismo tiempo,
- para obtener [presione la tecla Alt y 91 al mismo tiempo,
- para obtener] presione la tecla Alt y 93 al mismo tiempo,
- para obtener | presione la tecla Alt y 124 al mismo tiempo

www.ingramcontent.com/pod-product-compliance
Lightning Source LLC
LaVergne TN
LVHW082057051026
849532LV00011B/3611